Padma Singh

Avanços em Microbiologia

Padma Singh

Avanços em Microbiologia

ScienciaScripts

Imprint

Any brand names and product names mentioned in this book are subject to trademark, brand or patent protection and are trademarks or registered trademarks of their respective holders. The use of brand names, product names, common names, trade names, product descriptions etc. even without a particular marking in this work is in no way to be construed to mean that such names may be regarded as unrestricted in respect of trademark and brand protection legislation and could thus be used by anyone.

Cover image: www.ingimage.com

This book is a translation from the original published under ISBN 978-620-2-02310-8.

Publisher:
Sciencia Scripts
is a trademark of
Dodo Books Indian Ocean Ltd. and OmniScriptum S.R.L publishing group

120 High Road, East Finchley, London, N2 9ED, United Kingdom
Str. Armeneasca 28/1, office 1, Chisinau MD-2012, Republic of Moldova, Europe
Printed at: see last page
ISBN: 978-620-7-98470-1

AVANÇOS EM MICROBIOLOGIA

Padma Singh

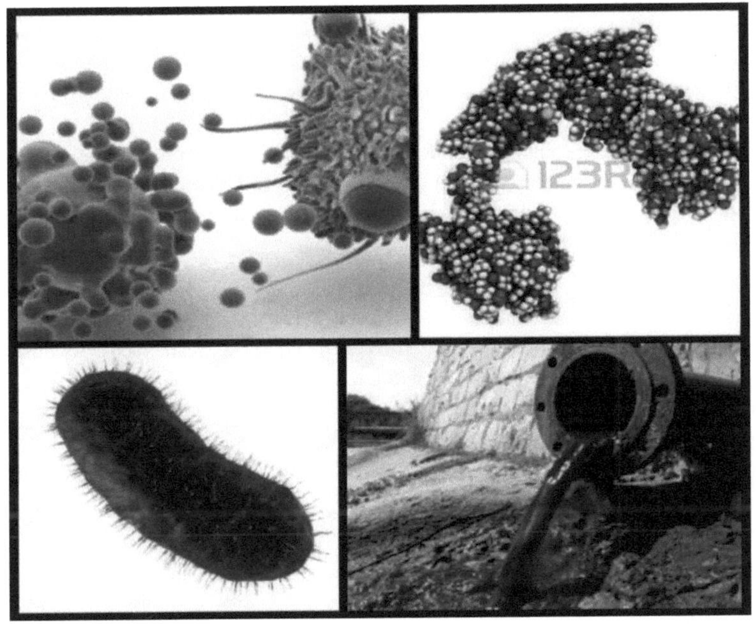

Prefácio

Nunca na história do desenvolvimento das fronteiras científicas um tema como o domínio da microbiologia esteve tão próximo dos aspectos aplicados na sociedade, no ambiente e nas preocupações humanas. [st]De acordo com estimativas do mercado internacional, a microbiologia tem potencial para fornecer produtos no valor de 100 mil milhões de dólares americanos até ao final do século XXI. As áreas de destaque no domínio da microbiologia incluem a gestão industrial, química, alimentar, farmacêutica e ambiental.

O presente livro é o resultado do papel dos microrganismos, tanto vantajosos como desvantajosos para o homem e as suas actividades. Há uma crescente valorização da substituição de materiais e reagentes sintéticos por substitutos naturais. Os principais tópicos incluídos são a descoloração microbiana e a degradação de corantes, a produção de bioplásticos, a biossorção de metais pesados através da utilização de culturas microbianas para o controlo da poluição. Outros tópicos incluídos são produtos naturais bioactivos, fármacos de Actinobactérias, plantas e enzimas fibrinolíticas bacterianas de interesse farmacêutico e o papel da comunidade microbiana na manutenção da fertilidade do solo após um incêndio florestal e o potencial antifúngico de espécies de *Embilica* no controlo de fungos deterioradores de edifícios. Cada capítulo foi escrito num estilo explicativo combinado com um extenso sistema de referências cruzadas.

Advances in Microbiology foi concebido para servir de fonte de referência tanto para investigadores como para estudantes, uma vez que o livro tem um formato conciso e legível, permitindo uma utilização eficiente numa variedade de contextos académicos. As ilustrações são escolhidas para clarificar conceitos básicos e técnicos. Estou confiante de que o livro será amplamente aceite por todos os estudantes, professores e investigadores no domínio da Microbiologia e da Biotecnologia.

Prof. (Dr.) Padma Singh

Reconhecimento

Gostaria de agradecer aos nossos autores associados por terem participado ativamente na preparação deste livro. Estes autores contribuíram com horas e horas de trabalho para selecionar e destilar a literatura. Continuamos a acolher comentários e recomendações por escrito ou por via eletrónica. O e-mail encontra-se na secção dos editores. Por último, mas não menos importante, estou grato à minha família pela sua total cooperação e apoio moral durante a preparação deste livro. Aprecio muito a cooperação e o apoio de Z. Belibov, editor da Lap Lambert Academic Publishing OmniscriptumAraPers GmbH BahnhofstraBe 28, D-66111 Saarbsucken, pela publicação deste livro com paciência, cuidado e interesse.

Prof. (Dr.) Padma Singh

Dedicado aos meus respeitados pais e professores

Padma SinghPhD, FBS, FAPSI

É professora e diretora do departamento de microbiologia, campus feminino, Universidade Gurukul Kangri, Haridwar, (Uttarakhand) Índia. Obteve os seus diplomas de mestrado (medalha de ouro) e doutoramento na Universidade de Jiwaji, Gwalior (MP). Publicou mais de 80 trabalhos de investigação e artigos de revisão em várias revistas nacionais e internacionais. Foi distinguida com o Prémio Nacional APSI e medalha de ouro em 2005-06 pela organização da conferência nacional APSI. É membro de vários organismos académicos profissionais como a AMI, IBS, ISCA, DUBS, APSI e foi galardoada com o FAPSI e o FBS. Os seus principais trabalhos de investigação incluem o interesse potencial antimicrobiano das plantas medicinais, a biodeterioração e a bioremediação, a biodegradação, etc

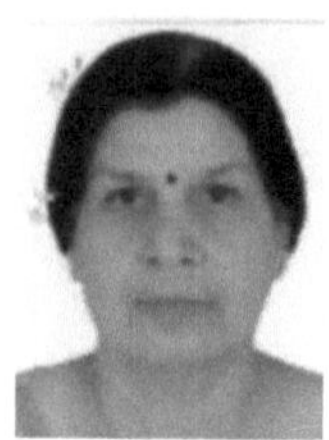

Lista de colaboradores

Todos os colaboradores são do Departamento de Microbiologia, Kanya Gurukul Girls Campus, Gurukul Kangri University, Haridwar Uttarakhand, Índia. 249407

ÍNDICE DE CONTEÚDOS

DESCOLORIZAÇÃO MICROBIANA E DEGRADAÇÃO DE TINTAS INDUSTRIAIS

Padma Singh*, Alka Rani

Departamento de Microbiologia, Campus de Kanya Gurukul, Universidade de Gurukul Kangri,
Haridwar, (Uttarakhand)-249407, Índia

*Correio eletrónico do autor correspondente: drpadmasingh06@gmail.com

RESUMO

Atualmente, a globalização, a urbanização e a industrialização conduzem a várias preocupações ambientais. A utilização de corantes sintéticos está a aumentar em muitas áreas. Os resíduos gerados durante o processo e a operação dos corantes contêm contaminantes orgânicos e inorgânicos que causam riscos ao ecossistema e à biodiversidade, causando impacto no ambiente. O tratamento físico-químico não elimina a concentração de cor e de compostos corantes. A descoloração do corante ocorre por adsorção na biomassa microbiana ou por degradação enzimática. A biorremediação ocorre por processo anaeróbio e/ou aeróbio. Na presente revisão, foram citadas a descoloração e a degradação de corantes por fungos, algas, leveduras e bactérias. Esta revisão fornece uma ideia geral da descoloração e degradação microbiana de corantes com vários parâmetros físico-químicos e destaca a aplicação destes processos para o tratamento de águas residuais contendo corantes.

PALAVRAS-CHAVE: Corantes, Descoloração, Biodegradação, Trifenilmetano

INTRODUÇÃO

Os corantes são substâncias que são utilizadas para adicionar cores ou alterar as cores de um objeto. Atualmente, os corantes sintéticos são mais preferidos do que os corantes naturais, uma vez que são menos dispendiosos, têm uma gama mais vasta de cores e conferem uma melhor impressão aos materiais tingidos. Os corantes sintéticos são atualmente muito utilizados em muitas indústrias para o tingimento de plásticos, alimentos, lã, algodão, nylon e outros (Hamid e Rehman, 2009). Existem mais de 0,7 milhões de toneladas de corantes sintéticos produzidos anualmente em todo o mundo (Chawla e Saharan, 2014). Mais de

10.000 tipos diferentes de corantes e pigmentos estão a ser utilizados em todo o mundo e estima-se que 10% a 15% dos corantes entram no ambiente sob a forma de resíduos todos os anos e causam graves problemas ambientais (Ali e Akthar, 2014). Os corantes sintéticos não são facilmente biodegradáveis e, quando são descarregados no ambiente, são persistentes devido à sua elevada estabilidade contra os efeitos da água, luz, detergentes, produtos químicos, temperatura e ataques microbianos (Michaels e Lewis, 1985). Os corantes sintéticos são difíceis de descolorir devido às suas estruturas químicas e origens sintéticas (Aksu, 2005). A presença de uma pequena quantidade de corante, como 10 mg/l a 50 mg/l na água, é altamente visível e afectará o valor estético, a transparência da água e a solubilidade do gás das massas de água (Rajamohan e Karthikeyan, 2006). A descarga destas águas residuais altamente coloridas em rios e lagos resulta na redução da concentração de oxigénio dissolvido na água destes locais e também dificulta a penetração da luz solar que, por sua vez, afecta as actividades fotossintéticas das plantas aquáticas e a sobrevivência de vários tipos de organismos aquáticos (Tom sinoy *et al.*, 2011)

Alguns dos corantes sintéticos, como os corantes de trifenilmetano, podem ser tóxicos, carcinogénicos ou mutagénicos e podem ser perigosos para a saúde (Au *et al.*, 1978). Os corantes de trifenilmetano, como o violeta cristal e o verde malaquite, são os tipos de corantes sintéticos amplamente utilizados na indústria têxtil. Foi relatado que o violeta cristal é capaz de induzir o crescimento de tumores em algumas espécies de peixes, enquanto o verde malaquite induz a formação de tumores hepáticos em roedores e causa anomalias reprodutivas em coelhos e peixes (Cho *et al.*, 2003).

Por conseguinte, é crucial tratar as águas residuais antes de as descarregar sob a forma de efluentes. Vários métodos físico-químicos, como a oxidação e redução químicas, a precipitação física e a floculação, a fotólise, a adsorção, etc., têm sido utilizados para remover os corantes sintéticos das águas residuais (Azmi *et al,* 1998). No entanto, estes métodos de tratamento são dispendiosos, pouco eficazes e geram uma grande quantidade de lamas durante o processo.

Assim, o desenvolvimento de processos biológicos através da utilização de microrganismos para tratar águas residuais constitui uma forma alternativa de tratamento (Azmi *et al.,* 1998). O processo de descoloração microbiana tem a vantagem de ser amigo do ambiente e de ter custos reduzidos em comparação com o tratamento físico-químico. Sabe-se que a descoloração de soluções de corantes por bactérias ocorre de duas formas: a biossorção dos corantes na biomassa microbiana ou a biodegradação dos corantes pelas células bacterianas. A biossorção envolve o aprisionamento de corantes na matriz das células bacterianas sem degradação dos corantes, enquanto que na biodegradação, a estrutura do corante é degradada em compostos mais pequenos, resultando na descoloração de corantes sintéticos (Shah *et al.*, 2013). Assim, as bactérias que absorvem os corantes serão profundamente coloridas, enquanto as que causam a degradação permanecerão sem cor. Os tipos de organismos que têm sido relatados como tendo a capacidade de remover ou degradar corantes de trifenilmetano incluem fungos, leveduras, actinomicetos e bactérias. Fungos como o *Phanerochaete chrysosporium* são capazes de produzir enzimas capazes de degradar corantes (Bumpus e Brock, 1988).

Coloração de corantes

Os corantes são compostos orgânicos aromáticos que absorvem seletivamente os comprimentos de onda da luz na gama de 400 nm a 800 nm, que se situam na gama visível do espetro eletromagnético e dos olhos humanos. Quando um objeto absorve alguns dos comprimentos de onda que estão dentro da gama visível, os comprimentos de onda que não são absorvidos fazem com que o objeto pareça ser visível e colorido aos olhos humanos (Christie, 2001). Os corantes aparecem em várias cores devido à presença de cromóforos nos mesmos. Estes cromóforos alteram a energia no sistema de electrões deslocalizados dos anéis de arilo nos corantes, permitindo assim que os corantes absorvam radiações dentro da gama visível (Stains File, 2005). Exemplos de cromóforos são: -C=C-, - C=N- e -C=O- (Mohan, 2004). Para além do cromóforo, os corantes também contêm auxocromos com electrões não ligados. Estes electrões ligam-se ao cromóforo, modificando assim a capacidade do cromóforo para absorver a luz (Cell Path, 2006). Os auxocromos que estão ligados a compostos não ionizantes manteriam a sua capacidade de ionização, resultando assim na intensificação das cores dos corantes, alterando o comprimento de onda e a intensidade da absorção (Rachita, 2014). Os auxocromos fornecem um local que permite que os corantes sejam quimicamente ligados ao tecido. Exemplos de auxocromos são: -NH3, -COOH e -OH (Cell Path, 2006).

Classificação dos corantes sintéticos

Os corantes sintéticos podem ser classificados de acordo com as suas estruturas químicas (Gregory, 1990). Com base no sistema de classificação química, os corantes sintéticos são classificados de acordo com os tipos dos seus cromóforos, tais como nitro, azo, etilénico, etc. (Nassau, 2001). Os corantes que contêm o mesmo tipo de cromóforo têm caraterísticas semelhantes. Por exemplo, os corantes de antroquinona são mais fracos e mais caros, enquanto os corantes azo são mais fortes e mais económicos (Gregory, 1990). O sistema de classificação química é amplamente utilizado por químicos e tecnólogos de corantes sintéticos que estão interessados na constituição química dos corantes (Hunger, 2003). A classificação dos corantes sintéticos de acordo com as suas aplicações ou utilização é adoptada pelo Índice de Cor (I.C.). É um sistema de classificação mais preferível para os utilizadores de corantes que se preocupam com o processo de tingimento (Agarwal, 2006).

Corantes de trifenilmetano

Os corantes de trifenilmetano são corantes orgânicos sintéticos de cores intensas e brilhantes com trifenilmetano (C6H5)3CH como base. Os derivados de trifenilmetano são um dos corantes sintéticos mais antigos que fornecem cores vibrantes e brilhantes e são altamente resistentes à cor (Wiley, 2002). Podem ser utilizados para tingir lã, seda, poliamida, etc. Devido às suas origens sintéticas e estruturas aromáticas complexas, os corantes de trifenilmetano são mais resistentes à biodegradação (Godlewska *et al.*, 2009). A gama de cores dos corantes de trifenilmetano inclui o vermelho, o violeta, o azul e o verde (Rung International, 2008). Dois dos corantes de trifenilmetano mais conhecidos são o violeta cristal e o verde malaquite, como se mostra na Figura 1 (a, b).

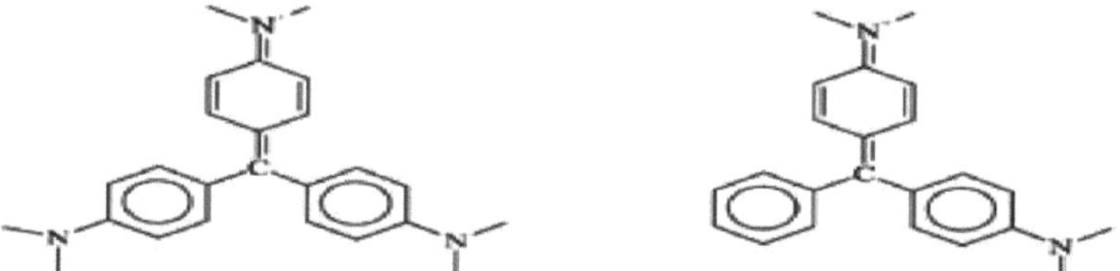

Figura 1.(a) Estruturas químicas do cristal violeta (CV); (b) malaquite i MG.

Aplicações dos corantes de trifenilmetano

Os corantes de trifenilmetano são um dos grupos de corantes mais utilizados na indústria têxtil (Shah *et al.*, 2013). Estima-se que, do consumo total de corantes para tingir algodão, lã, seda e nylon, 30% a 40% consistem em corantes de trifenilmetano (Carliell *et al,.* 1998). Além disso, os corantes de trifenilmetano também podem ser utilizados para colorir alimentos, gorduras, ceras, vernizes, cosméticos, papel, couro e plásticos (Shah *et al.*, 2013). Além disso, o verde de malaquite está a ser utilizado na indústria da aquacultura como fungicida, parasiticida e desinfetante para tratar infecções por fungos e protozoários (Alderman, 1984; Parshetti *et al,.* 2006). O violeta de cristal, que é comummente utilizado na indústria têxtil, é também conhecido como um corante biológico para colorir espécimes em processos bacteriológicos e histopatológicos (Shah *et al.*, 2013). Também está a ser utilizado como medicamento humano e veterinário para o tratamento de vermes, bem como agente tópico (Azmi *et al.*, 1998).

Impacto dos corantes de trifenilmetano

Estima-se que 280.000 toneladas de corantes têxteis são libertadas no ambiente como efluentes industriais em todo o mundo (Mass e Chaudhari, 2005). Os corantes de trifenilmetano presentes nos efluentes industriais constituem uma séria preocupação ambiental, uma vez que são muito recalcitrantes à degradação microbiana (Pagga e Brown, 1986). Além disso, mesmo um pequeno volume e uma baixa concentração (10 mg/L a 50 mg/L) destes corantes, que possuem uma elevada força tintorial, criam uma coloração óbvia (Ali e Akthar, 2014). Os efluentes altamente coloridos irão assim afetar a solubilidade do gás nas massas de água e a quantidade de penetração da luz (Gupta e Rastogi, 2009). Isto diminuirá significativamente a atividade fotossintética na vida aquática e pode constituir uma ameaça para a sustentabilidade do ecossistema aquático (Gupta e Rastogi, 2009). Além disso, verificou-se que a deposição de corantes de trifenilmetano nos sedimentos dos rios provoca o crescimento de tumores em algumas espécies de peixes que se alimentam no fundo do mar (Diachenko, 1979). Foi igualmente referido que as soluções de corantes podem sofrer degradação anaeróbia para formar compostos potencialmente cancerígenos que acabarão por se acumular nas cadeias alimentares e, eventualmente, ser ingeridos pelos seres humanos (Banat *et al*, 1996).

Além disso, os corantes de trifenilmetano, que também possuem propriedades mutagénicas e cancerígenas, representam uma séria ameaça para a saúde humana. O verde de malaquite, por exemplo, tem efeitos adversos no sistema imunitário e no sistema reprodutor do ser humano (Srivastava *et al*, 2004). Além disso, a toxicidade citogenética da violeta de cristal e da violeta de genciana resultou numa elevada frequência de quebras cromossómicas em células de ovário de hamster chinês, tal como estudado por (Au *et al*, 1978). Além disso, de acordo com outro estudo, verificou-se que a violeta de cristal provocava uma redução da síntese de ARN e de proteínas e uma diminuição do consumo de oxigénio nos tecidos de granulação de coelhos (Mobacken *et al.*, 1974). O aumento da utilização de corantes provoca um aumento da concentração de corantes no ambiente. Por conseguinte, as legislações governamentais relativas à remoção de corantes dos efluentes antes da sua libertação no ambiente tornaram-se cada vez mais rigorosas. Consequentemente, torna-se absolutamente necessário desenvolver formas mais eficientes e económicas de remover os corantes dos efluentes antes de os libertar no ambiente, a fim de anular ou, pelo menos, minimizar os seus efeitos nocivos.

ANTECEDENTES HISTÓRICOS

Historicamente, os corantes naturais, que são derivados de plantas, invertebrados ou minerais sem qualquer tratamento sintético, eram utilizados pelo homem para colorir roupas ou têxteis (Cardon, 2007). Em 1856, William Henry Perkin descobriu o primeiro corante sintético, a malvaína. Alguns anos após a descoberta da malva-rosa, os cientistas, especialmente os da Grã-Bretanha, Alemanha e França, correram para formular vários corantes de novas cores (Forster e Christie, 2013). A descoberta dos corantes sintéticos levou à substituição dos corantes naturais pelos sintéticos (Anderson, 2009). Isto porque os corantes sintéticos são mais baratos de produzir, têm uma gama de cores mais brilhante e mais alargada e são também capazes de conferir propriedades desejáveis aos materiais (Samantha, 2009). No ano de 2013, estimava-se que aproximadamente 34.500 tipos de corantes e pigmentos sintéticos estavam listados sob 11.570 nomes genéricos do Índice de Cores na quarta edição do Índice de Cores Internacional da Society of Dyers and Colourists (*SDC*| e da American Association of Textile Chemists and Colourists (AATCC) (Chromatic Notes, 2013). Foi relatado que a ineficiência nos processos de tingimento resultou em 10-15% de corante não utilizado entrando diretamente nas águas residuais (Zollinger, 1987). A presença de cor nos efluentes têxteis dá um sinal claro de que a água está poluída, e a libertação deste efluente altamente colorido e complexo pode danificar diretamente a água recetora. Além disso, é difícil degradar as misturas de águas residuais da indústria têxtil através de processos convencionais de tratamento biológico, porque o seu rácio de CBO/COD é inferior a 0,3 (Chun e Yizhong, 1999). Nalguns casos, os procedimentos biológicos tradicionais foram combinados com processos de tratamento físico ou químico para conseguir uma melhor descoloração (Vandevivere *et al.,* 1998), mas os métodos químicos ou físico-químicos são geralmente dispendiosos, menos eficientes e de aplicabilidade limitada, e produzem resíduos difíceis de eliminar.

IMPORTÂNCIA DO TRATAMENTO BIOLÓGICO EM RELAÇÃO AOS MÉTODOS FÍSICO-QUÍMICOS

Juntamente com a industrialização, a consciencialização para os problemas ambientais que surgem devido à descarga de efluentes é de uma importância crítica. Um efluente de uma tinturaria contém normalmente 0,6-0,8 g l de corante. A poluição causada pelos efluentes de tinturaria deve-se principalmente à durabilidade dos corantes nas águas residuais (Jadhav *et al.*, 2007). Por conseguinte, tanto as indústrias que criam corantes como as que os utilizam são obrigadas a procurar novos tratamentos e tecnologias físico-químicas que sejam particularmente direcionados para a descoloração dos corantes dos efluentes. Existem muitos relatórios sobre a utilização de métodos físico-químicos para a remoção de cor de efluentes contendo corantes. Os vários métodos físico-químicos, como a adsorção, a precipitação química, a fotólise, a oxidação e redução químicas e o tratamento eletroquímico, foram utilizados para a remoção de corantes de efluentes de águas residuais (Fig. 2)

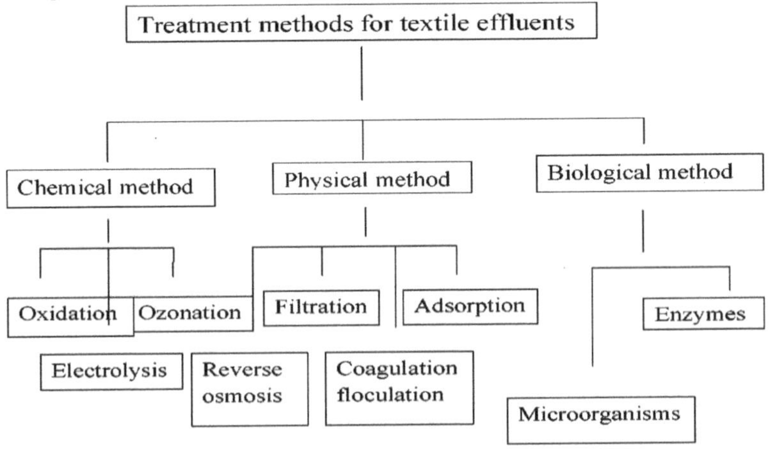

Fig.2 Métodos de tratamento para a remoção de corantes de efluentes industriais.

Métodos físicos e químicos

Tratar as águas residuais têxteis para descoloração e desintoxicação, tais como coagulação, floculação, adsorção, filtração por membrana e irradiação, utilizando métodos físico-químicos. O método anaeróbio fornece um meio eficiente e de baixo custo para a descoloração redutora de corantes reactivos lavados, que podem depois ser reutilizados como água de processo e/ou para o tratamento de efluentes têxteis antes da sua eliminação final (Asgher *et al.*, 2008); (Susla e Svobodova, 2006). Embora estes tratamentos atinjam níveis elevados de mineralização e descoloração, têm dois constrangimentos principais: o custo elevado (por exemplo, fotocatálise e processos de oxidação avançados) e a produção de quantidades significativas de lamas que requerem um destino final, como a incineração ou a deposição em aterro. Na descoloração avançada, a biodegradação foi avaliada por espetroscopia UV-Vis, espetroscopia FTIR e HPLC. A identificação do produto de biodegradação foi efectuada por GC-MS (Mane *et al., 2008).*

Métodos biológicos

O tratamento biológico de corantes têxteis é o melhor método devido ao seu potencial para degradar quase totalmente o material corante e superar as muitas desvantagens apresentadas pelos processos físico-químicos. Muitos estudos têm-se centrado em microrganismos capazes de degradar corantes, sugerindo que a biodegradação é uma alternativa amiga do ambiente e competitiva em termos de custos para o tratamento de águas residuais (Vitor e Corso, 2008); (Pajot *et al.,* 2010). A capacidade de descoloração e degradação de corantes por várias classes de corantes por muitos microrganismos pertencentes aos diferentes grupos taxonómicos de bactérias, fungos, actinomicetos e algas foi relatada por (Asad *et al.,* 2007). A investigação recente sugeriu uma série de abordagens biotecnológicas como sendo de potencial interesse para combater esta fonte de poluição de uma forma eco-eficiente; principalmente a utilização de bactérias e frequentemente em combinação com processos físico-químicos. Os corantes azóicos constituem a maior classe de corantes utilizados na indústria, que são xenobióticos por natureza e se revelaram recalcitrantes à biodegradação. O isolamento de novas estirpes ou a adaptação das existentes à decomposição de corantes irá provavelmente aumentar a eficácia da bioremediação de corantes num futuro próximo. A utilização de um método de tratamento microbiano ou enzimático para a completa descoloração e degradação de um corante industrial a partir de efluentes têxteis possui vantagens consideráveis.

Degradação bacteriana

A descoloração bacteriana é normalmente mais rápida e eficiente. No que respeita à degradação de corantes em condições anóxicas, vários estudos sobre bactérias indicaram que estirpes bacterianas como *Pseudomonas mirabilis, P. luteola* e *Klebsiella rosea* apresentaram resultados muito promissores, tal como referido por (Parshetti *et al.,* 2006); Chang *et al.,* 2001). Chen *et al.,* 1999 relataram que a capacidade de degradar Acid Blue 113, um consórcio bacteriano de corante diazóico, foi construída utilizando cinco estirpes bacterianas diferentes isoladas do efluente. O consórcio foi suplementado com glucose e nitrato de amónio, que degradou 90% do corante em 22 horas em efluentes têxteis diluídos a 80%. Por outra estirpe para posterior decomposição, as estirpes individuais podem atacar a molécula de corante em diferentes posições ou podem utilizar os produtos de decomposição produzidos. No entanto, é de salientar que a composição pode mudar durante o processo de decomposição, o que interfere com o controlo das tecnologias que utilizam culturas mistas

Degradação fúngica

Descobriu-se que vários tipos de organismos têm a capacidade de remover corantes de águas residuais. Em primeiro lugar, os fungos são capazes de descolorir os corantes de trifenilmetano devido à sua produção de enzimas ligninolíticas de natureza não específica, como a lignina peroxidase, a manganês peroxidase e a lacase (Saratale *et al*, 2009). Estas enzimas são capazes de descolorir os corantes, uma vez que possuem a capacidade de biodegradar poluentes ambientais altamente recalcitrantes (Olukanni, *et al*, 2013). Especificamente, os fungos de podridão branca, como *Phanerochaete chrysosporium*, são capazes de degradar corantes azo, *Trametes versicolor* é capaz de decompor corantes à base de antraquinona, azo e índigo, enquanto *Trametes hirsute* é capaz de degradar corantes trifenilmetano, índigo e antraquinona (Forgacs *et al*, 2004). Para além dos fungos da podridão branca, existem também outros tipos de fungos, como *Hirschioporus larincinus, Inonotus hispidus, Phlebia tremallosa* e *Coriolus versicolor*, que apresentam essa capacidade através das suas actividades de descoloração de corantes (Banat, *et al*, 1999).

Degradação das leveduras

As estirpes de leveduras tais como *Rhodotorulla, Candida tropicalis, Debaryomyces polymorphus* (Yang, *et al.*, 2003) e *Issatchenkia occidentals* (Ramalho *et al.*, 2004) são também úteis na remoção de corantes de efluentes através dos processos de biossorção, bioacumulação ou biodegradação. No entanto, apesar da sua capacidade de degradar corantes que são compostos aromáticos, a utilização de compostos aromáticos pelas leveduras é limitada e o processo de degradação é também bastante lento (Das e Charumathi, 2012).

FACTORES QUE AFECTAM A DEGRADAÇÃO DOS CORANTES

É muito difícil tratar os efluentes industriais têxteis através dos métodos físicos e químicos habitualmente utilizados, principalmente devido à sua elevada carência biológica de oxigénio, carência química de oxigénio, calor, cor, pH e presença de iões metálicos (Kalyani et al.,

2008).

pH

Na descoloração de corantes, o pH tem um efeito importante na eficiência. O pH ótimo para a remoção de cor em bactérias situa-se frequentemente entre 6,0 e 10,0. A tolerância a um pH elevado é importante, em particular, quando se trata de processos industriais que utilizam corantes azóicos reactivos, normalmente realizados em condições alcalinas. (Chen *et al.* 2008). Um consórcio de fungos de *Schizophyllum sp.* que descolorizou 73% do amarelo dourado solar a um pH de 4.5 após 6 dias e a eficiência diminuiu de 59% para 8% à medida que o pH foi aumentado de 5 para 6, enquanto um consórcio bacteriano de *Acinetobacter spp, Citrobacter freundii* e *Klebsiella oxytoca* descolorou em condições aeróbias com agitação 92% de 4- nitroanilina (e corantes azóicos estruturalmente diferentes) a um pH de 7,2 em 42 horas, que diminuiu à medida que o pH variou abaixo de 7 ou acima de 7,2 (Chen *et al.* 2008)

Temperatura

A temperatura é também um fator muito importante para a remediação da água e do solo em todos os processos associados à vitalidade microbiana, incluindo. Também se observou que a taxa de descoloração dos corantes azóicos aumenta até à temperatura óptima, e depois há uma redução marginal na atividade de descoloração. Em geral, a fotocatálise não depende da temperatura. Pearce *et al.,* 2003 relataram que as diferenças observadas não eram significativas pelo efeito da temperatura a 20°C, e a 55°C. A 20°C a percentagem de remoção de cor foi de 88,2±1,2 enquanto que a 55°C foi de 87,9±2,0. Em muitos sistemas, dentro de um intervalo definido que depende do sistema, a taxa de remoção de cor aumenta com o aumento da temperatura.

Concentração do corante

Relatórios anteriores mostram que moléculas de corante -+ **com** diferentes estruturas, aumentando a concentração de corante, diminuem gradualmente a taxa de descoloração, provavelmente devido ao efeito tóxico dos corantes em relação às bactérias individuais e/ou à concentração inadequada de biomassa, bem como ao bloqueio dos locais activos da azo redutase.

ANÁLISE TOXICOLÓGICA DO CORANTE

A análise toxicológica é utilizada para a descarga de águas residuais industriais tratadas antes de serem descarregadas nas massas de água. Podem ser utilizadas para estimar a capacidade funcional dos biótopos aquáticos e como um sistema de "alerta precoce" para a monitorização e o rastreio das águas de superfície (Asgher *et al.*, 2008). O ensaio de toxicidade é um método rápido e sensível. É utilizado para monitorizar os efeitos dos efluentes corantes. Os ensaios de toxicidade estão a ser lentamente incorporados na monitorização ambiental de sítios de remediação, com uma caraterização química mais aprofundada utilizando geralmente métodos de espetrometria de massa por cromatografia gasosa (GC-MS) (Dominici *et al.*, 2010; Hu *et al.*, 2001).

Fitotoxicidade

Os estudos de toxicidade relativos à geração de stress oxidativo nas plantas ainda não mereceram muita atenção. Alguns dos bioensaios de plantas, ao longo de algumas décadas, para avaliação da genotoxicidade foram efectuados utilizando Allium cepa, Vicia faba e Tradescantia paludosa. Os efeitos genotóxicos e citotóxicos de vários produtos químicos e efluentes industriais nas células da raiz de *A. cepa* foram demonstrados anteriormente (Jadhav *et al.*, 2010; Parshetti *et al.*, 2006; Yu *et al.*, 2001; Axelsson *et al.*, 2006). Muitos relatórios mostraram a eficiência da desintoxicação através da realização de bioensaios de fitotoxicidade como testes de germinação de sementes e testes de alongamento de raízes Jadhav *et al.* (2010). Os estudos toxicológicos, juntamente com os estudos de genotoxicidade com raízes de A. cepa e os estudos de fitotoxicidade com *Phaseolus mungo* e *Sorghum vulgare*, indicaram de forma conclusiva a toxicidade do Remazolred (RR) e a natureza comparativamente menos tóxica dos metabolitos formados após a degradação do corante por *P. aeruginosa* BCH (Jadhav *et al.*, 2011). O estudo de fitotoxicidade expôs a natureza tóxica do RO 13 para as plantas *O. sativa, V. radiate, S. bicolor* e *T. aestivum*. O RO 13 estava a reduzir significativamente o comprimento do rebento e da raiz do que os metabolitos obtidos após a sua descoloração, o que indica a menor toxicidade dos metabolitos obtidos após a descoloração do RO 13 (Shah *et al*, 2012).

Toxicidade celular

Para a análise toxicológica, os modelos animais foram substituídos por células como alternativas. Existem várias caraterísticas desejáveis nos testes de viabilidade celular em placas de micropoços utilizando corantes fluorescentes. É utilizado para monitorizar os efeitos dos efluentes de corantes. Alguns dos parâmetros utilizados para avaliar o nível de citotoxicidade dos efluentes têxteis antes e depois do tratamento são o ensaio do vermelho neutro (NR), que mede a atividade dos lisossomas, após acumulação do corante, sendo o princípio que apenas os lisossomas das células viáveis ficarão fluorescentes (Essig-Marcello e van Buskirk, 1990). O iodeto de propídio (PI) cora os ácidos nucleicos de cadeia dupla e é excluído pelas células vivas; como resultado, a fluorescência celular indica uma deficiência da função da membrana plasmática (Wrobel *et al*, 1996). A eletroforese alcalina em gel de célula única (ensaio cometa) com células de levedura foi utilizada em alguns estudos para demonstrar a eficiência da bioremediação e da desintoxicação (Mishra e Thakur, 2010). O ensaio MTT é um indicador geral de citotoxicidade e baseia-se na capacidade das células vivas para reduzir o MTT dissolvido (amarelo) em formazan insolúvel (azul) na presença de succinato desidrogenase mitocondrial (Mosmann, 1983). O ensaio EROD tem sido utilizado há muito tempo para testar comportamentos semelhantes às dioxinas de contaminantes ambientais, como os efluentes têxteis (Kinani *et al.*, 2010). Os modelos in vitro que utilizam linhas de células cancerígenas humanas tornaram-se ferramentas consolidadas para uma avaliação rápida e precisa da toxicidade a níveis agudos, crónicos e subcrónicos com uma reprodutibilidade razoável. Os hepatócitos expressam muitas proteínas de receptores nucleares que regulam a expressão de enzimas metabolizadoras de xenobióticos, incluindo o citocromo P450 1A1 (CYP1A1), responsável pelo metabolismo de vários produtos químicos endógenos e exógenos, o que torna estas células modelos in vitro ideais para estudos toxicológicos (Tai *et al.*, 1994). A este respeito, a linha celular do hepatocarcinoma humano HuH7 revelou-se prometedora para a avaliação da toxicidade em condições in vitro.

REFERÊNCIAS

Agarwal, O.P., 2006. *Química Orgânica Sintética.* Merut: GOEL Publishing house.

Aksu, Z., 2005. Aplicação da biossorção para a remoção de poluentes orgânicos: uma revisão. *Process Biochemistry, 40(3),* pp.997-1026.

Alderman, D.J., 1985. Malachite green: a review. *Journal of Fish Diseases, 8*(3), pp.289-298.

Ali, S.M. e Akthar, N., 2014. Um estudo sobre a descoloração bacteriana do corante violeta de cristal por *Clostrdium oerfringens, Pseudomonas aeruginosa* e *Proteus vulgaris. Artigo de Investigação em Ciências Biológicas,* 4(2), pp. 89-96.

Asad, S., Amoozegar, M.A., Pourbabaee, A., Sarbolouki, M.N. e Dastgheib, S.M.M., 2007. Descoloração de corantes azo têxteis por bactérias halofílicas e halotolerantes recentemente isoladas. *Bioresource technology, 98*(11), pp.2082-2088.

Asgher, M., Kausar, S., Bhatti, H.N., Shah, S.A.H. e Ali, M., 2008. Otimização do meio para a descoloração do corante têxtil direto amarelo dourado Solar R por Schizophyllum commune IBL- 06. *International Biodeterioration & Biodegradation, 61*(2), pp.189-193.

Au, W., Pathak, S., Collie, C. e Hsu, T., 1978. Cytogenetic toxicity of gentian violet and crystal violet on mammalian cells in vitro. *Mutation Research/Genetics Toxicology*, 58(2), pp. 269-276.

Azmi, W., Sani, R.K. e Banerjee, U.C., 1998. Biodegradação de corantes de trifenilmetano. *Enzyme and microbial technology, 22*(3), pp.185-191.

Banat, I.M., Nigam, P., McMullan, G., Meehan, C., Kirby, N., Nigam, P., Symth, W.F. e Marchant, R., 1999. Descoloração por Mircobial de corantes têxteis presentes em efluentes de indústrias têxteis. *In Proceedings of the Industrial waste Technical conference, Indian polis,USA*, pp. 116.

Bumpus, J.A. e Brock, B.J., 1988. Biodegradação da violeta cristalina pelo fungo da podridão branca Phanerochaete chrysosporium. *Applied and Environmental Microbiology, 54*(5), pp.1143-1150. Cardon, D., 2007. *Natural Dyes: Sources, Tradition, Technology and Science.* Londres: Archetype Publications Ltd.

Carliell, C.M., Barclay, S. J., Shaw, C., Wheatley, A.D. e Buckley, C.A., 1998. O efeito dos sais utilizados no tingimento de têxteis na descoloração microbiana de um corante azo reativo. *Tecnologia Ambiental,* 19(11), pp. 1133-1137.

CellPath,2006.*StainingTheory*.[online].Availableat:<http://www.scionpublishing.com/shop/Pr o ductImages/06-CellPath ch06.pdf> [Acedido em 14 de março de 2015].

Chang, J.S., Chou, C., Lin, Y.C., Lin, P.J., Ho, J.Y. e Hu, T.L., 2001. Caraterísticas cinéticas da descoloração bacteriana de azo-corantes por Pseudomonas luteola. *Water Research, 35*(12), pp.28412850.

Chawla, A. e Singh Saharan, B., 2014. Novo Castellaniella denitrificans SA13P como uma potente cepa descolorante verde malaquita. *Ciência do Solo Aplicada e Ambiental, 2014.*

Chen, C.H., Chang, C.F., Ho, C.H., Tsai, T.L. e Liu, S.M., 2008. Biodegradação de violeta cristalino por uma Shewanella sp. NTOU1. *Chemosphere, 72*(11), pp.1712-1720.

Chen, K.C., Huang, W.T., Wu, J.Y. e Houng, J.Y., 1999. Descoloração microbiana de corantes azo por Proteus mirabilis. *Journal of industrial microbiology & biotechnology,* 23(1), pp.686690.

Cho, B.P., Yang, T., Blankenship, L.R., Moody, J.D., Churchwell, M., Beland, F.A. e Culp, S.J., 2003. Síntese e caraterização dos metabolitos N-desmetilados do verde de malaquite e do verde de leucomalaquite. *Investigação química em toxicologia, 16*(3), pp.285-294.

Christie, R.M., 2001. *Química da Cor.* Grã-Bretanha: Sociedade Real de Química

Notas Cromáticas, 2013. *A história da "revolução das cores": Mauveine e Indigo.* [em linha]. Disponível em: https://drnsg.wordpress.com/ [Acedido em 1 de março de 2015].

Chun, H. e Yizhong, W., 1999. Descoloração e biodegradabilidade de corantes azóicos tratados fotocataliticamente e águas residuais têxteis de lã. *Chemosphere, 39*(12), pp.2107-2115.

Das, N. e Charumathi, D., 2012. Remediação de corantes sintéticos de águas residuais usando levedura - Uma visão geral.

Diachenko, G.W., 1979. Determinação de várias aminas aromáticas industriais em peixes. *Environmental Science & Technology*, 13, pp. 329-333.

Dominici, L., Cerbone, B., Villarini, M., Fatigoni, C. e Moretti, M., 2010. Teste in vitro de genotoxicidade do índigo naturalis avaliado pelo teste do micronúcleo. *Natural product communications, 5*(7), pp.1039-1042.

Essig-Marcello, J.S. e Van Buskirk, R.G., 1990. Um ensaio de citotoxicidade in situ de dupla marcação utilizando as sondas fluorescentes vermelho neutro e BCECF-AM. *Toxicologia in vitro, 3*(3), pp.219-227.

Forgacs, E., Cserhati, T. e Oros, G., 2004. Remoção de corantes sintéticos de águas residuais: uma revisão. *Ambiente Internacional, 30(7)*, pp.953-971.

Forster, S.V., e Christie, R.M., 2013. O significado da introdução de corantes sintéticos em meados do século XIX na democratização da moda ocidental. *Journal of the International Colour Association*, 11, pp. 1-17.

Godlewska, E.Z., Przystas, W. e Sota, E.G., 2009. Descoloração de corantes tripehnylmethane e ecotoxicidade dos seus produtos finais. *Engenharia de Proteção Ambiental*, 35(1), pp.161-169.

Gregory, P., 1990. Classificação de corantes por estrutura química. *The Chemistry and Application of dyes*, 2, pp. 17-47.

Gupta, V.K. e Rastogi, A., 2009. Biosorção de crómio hexavalente por alga verde *Oedogonium hatei* em bruto e tratada com ácido a partir de soluções aquosas. *Journal of Hazardous Materials*, 163(1), pp. 396-402.

Hamid, M., 2009. Potenciais aplicações das peroxidases. *Química alimentar, 115(4)*, pp.1177-1186.

Hu, T.L., 2001. Cinética da azoreductase e avaliação da toxicidade de produtos metabólicos de corantes azóicos por Pseudomonas luteola. *Ciência e Tecnologia da Água, 43(2)*, pp.261-269.

Hunger, K., 2003. *Industrial Dyes Chemistry, Properties, Applications*. Alemanha: Wiley.

Jadhav, J.P., Kalyani, D.C., Telke, A.A., Phugare, S.S. e Govindwar, S.P., 2010. Avaliação da eficácia de um consórcio bacteriano para a remoção de cor, redução de metais pesados e toxicidade de efluentes de corantes têxteis. *Bioresource Technology, 101(1)*, pp.165-173.

Kalyani, D.C., Patil, P.S., Jadhav, J.P. e Govindwar, S.P., 2008. Biodegradação do corante têxtil reativo Red BLI por uma bactéria isolada Pseudomonas sp. SUK1. *Bioresource Technology, 99*(11), pp.4635-4641.

Khalid, A., Arshad, M. e Crowley, D.E., 2009. Potencial de biodegradação de culturas bacterianas puras e mistas para a remoção de 4-nitroanilina de águas residuais de corantes têxteis. *Investigação sobre a água, 43*(4), pp.1110-1116.

Kinani, S., Bouchonnet, S., Creusot, N., Bourcier, S., Balaguer, P., Porcher, J.M. e Ait-Aissa, S., 2010. Bioanalytical characterisation of multiple endocrine-and dioxin-like activities in sediments from reference and impacted small rivers. *Environmental Pollution, 158*(1), pp.7483.

Mane, U.V., Gurav, P.N., Deshmukh, A.M. e Govindwar, S.P., 2008. Degradação do corante têxtil reativo azul-marinho Rx (Reactive blue-59) por um Actinomiceto isolado Streptomyces krainskii SUK-5. *Jornal de Microbiologia da Malásia, 4*(2), pp.1-5.

Mass, R. e Chaudhari, S., 2005. Adsorção e descoloração biológica do corante azo vermelho reativo 2 em reactores anaeróbios semi-contínuos. *Process Biochemistry, 40*, pp. 699-705.

Michaels, G.B. e Lewis, D.L., 1985. Sorção e toxicidade de corantes azo e trifenilmetano para populações microbianas aquáticas. *Environmental toxicology and chemistry, 4*(1), pp.45-50.

Mishra, M. e Thakur, I.S., 2010. Isolamento e caraterização de bactérias alcalotolerantes e otimização de parâmetros de processo para descoloração e desintoxicação de efluentes de fábricas de pasta e papel através da abordagem Taguchi. *Biodegradação, 21(6),* pp.967-978

Mobacken, H., Ahonen, J. e Zederfeldt, B., 1974. The effect of cationic triphenylmethane dye (crystal violet) on rabbit granulation tissue. Consumo de oxigénio e síntese de ARN e proteínas em fatias de tecido. *Ata Dermato Venereologica, 54*, pp. 343-347.

Mohan, J., 2004. *Organic Spectroscopy: Principles and Applications.* [e-book] CRC Press. Disponível em Google Books <https://books.google.com.my/books> [Acedido em 2 de fevereiro de 2015].

Mosmann, T., 1983. Ensaio colorimétrico rápido para o crescimento e sobrevivência celular: aplicação a ensaios de proliferação e citotoxicidade. *Journal of immunological methods, 65*(1-2), pp.55-63.

Nassau, K., 2001. *A Física e a Química da Cor: As Quinze Causas da Cor.* 2ª ed. Nova Iorque: Wiley, pp. 113-133.

Olukanni, O.D., Adenopo, A., Awotula, A.O. e Osuntoki, A.A., 2013. Biodegradação de verde malaquita por lacase extracelular produzindo Bacillus thuringiensis RUN1. *Jornal de Ciências Básicas e Aplicadas, 9,* p.543.

Pagga, U. e Brown, D., 1986. A degradação de corantes. *Chemosphere,* 15, pp. 479-491.

Pajot, H.F., Delgado, O.D., de Figueroa, L.I. e Farina, J.I., 2011. Desvendar a capacidade de descoloração de isolados de leveduras de ambientes virgens e poluídos por corantes: uma visão ecológica e taxonómica. *Antonie van Leeuwenhoek, 99*(3), pp.443-456.

Parshetti, G., Kalme, S., Saratale, G. e Govindwar, S., 2006. Biodegradação do verde de malaquite por Kocuria rosea MTCC 1532. *Ata Chimica Slovenica, 53*(4), p.492.

Pearce, C.I., Lloyd, J.R. e Guthrie, J.T., 2003. A remoção de cor de águas residuais têxteis utilizando células bacterianas inteiras: uma revisão. *Dyes and pigments, 58*(3), pp.179-196.

Pigmento. VCH Publishers, Nova Iorque, pp. 92 - 102.

Rachita, 2014. *Diferença entre auxocromo e cromóforo.* [em linha]. Disponível em: http://www.differencebetween.net/science/chemistry science/differencebetween-auxochrome-and-chromophore/ [Acedido em 10 de março de 2015].

Rajamohan, N. e Karthikeyan, C., 2006. Estudos cinéticos da degradação de efluentes de corantes por Pseudomonas stutzeri. *J Solid Waste Technol Manag,* pp.1-5.

Ramalho, P.A., Cardoso, M.H., Cavaco-Paulo, A. e Ramalho, M.T., 2004. Caracterização da atividade de redução de azo numa nova estirpe de levedura ascomicete. *Applied and environmental microbiology, 70(4),* pp.2279-2288.

Rung International, 2008. *Corantes de trifenilmetano.* [em linha]. Disponível em:<http://www.foodcolorworld.com/tpm-dyes.html> [Acedido em 3 de fevereiro de 2015].

Samantha, A.K., 2009. Artigo de revisão: Aplicação de corantes naturais em têxteis. *Indian Journal of Fibre and Textile Reasearch,* 34, pp. 384-399.

Saratale, R.G., Saratale, G.D., Chang, J.S. e Govindwar, S.P., 2011. Descoloração bacteriana e degradação de corantes azo: uma revisão. *Jornal do Instituto de Engenheiros Químicos de Taiwan, 42*(1), pp.138-157.

Shah, M.P., Patel, K.A. e Darji, A.M., 2013. Degradação microbiana e descoloração do corante laranja de metilo por uma aplicação de *Pseudomonas* spp. ETL-1982. *Jornal Internacional de Biorremediação Ambiental e Biodegradação,* 1(1), pp. 26-36.

Shah, M.P., Patel, K.A., Nair, S.S. e Darji A.M., 2013. Biorremediação ambiental de corantes por *Pseudomonas aeruginosa* ETL-1 isolada da estação de tratamento de efluentes finais de Ankleshwar. *Jornal Americano de Investigação Microbiológica,* 1(4), pp. 74-83.

Srivastava, S., Sinha, R. e Roy, D., 2004. Toxicological effects of malachite green. *Aquatic Toxicology,* 66(3), pp. 319-329.

StainsFile,2005. *DyeStructure andColour*[online]. Disponível em em:<http://stainsfile.info/StainsFile/dyes/dyecolor.htm> [Acedido em 14Março 2015].

Susla, M. e Svobodova, K., 1997. Ligninolytic enzymes as useful tools for biodegradation of recalcitrant organopollutants. *Feedback, 91.*

Tai, H.L., Dehn, P.F. e Olson, J.R., 1994. Utilização de células H4IIE de rato e HepG2 humanas como modelos para investigar o metabolismo do 2, 3, 7, 8-tetraclorodibenzofurano (TCDF). *Toxicologist, 14,* p.271.

Tom Sinoy, E.S., Mohan, D.A. e Shaikh, H., 2011. Biodegradação de corantes têxteis por espécies de Pseudomonas e E. coli. *VSRD Technical and Non-Technical Journal 2 (5): 238, 248.*

Vandevivere, P.C., Bianchi, R. e Verstraete, W., 1998. Revisão: Treatment and reuse of wastewater from the textile wet-processing industry: Revisão das tecnologias emergentes. *Journal of Chemical Technology and Biotechnology, 72*(4), pp.289-302.

Vitor, V. e Corso, C.R., 2008. Descoloração de corante têxtil por Candida albicans isolada de efluentes industriais. *Journal of industrial microbiology & biotechnology, 35*(11), pp.13531357.

Wiley, J., 2002. *Trifenilmetano e corantes relacionados.* Enciclopédia Científica.

Wrobel, K., Claudio, E., Segade, F., Ramos, S. e Lazo, P.S., 1996. Medição da citotoxicidade por coloração com iodeto de propídio do ADN da célula-alvo: Aplicação à quantificação do TNF-a murino. *Journal of immunological methods, 189(2),* pp.243-249.

Yang, Q., Yang, M., Pritsch, K., Yediler, A., Hagn, A., Schloter, M. e Kettrup, A., 2003. Descoloração de corantes sintéticos e produção de peroxidase dependente de manganês por novos isolados de fungos. *Biotechnology Letters, 25*(9), pp.709-713.

Yu, J., Wang, X. e Yue, P.L., 2001. Descoloração óptima e modelação cinética de corantes sintéticos por estirpes de Pseudomonas. *Investigação sobre a água, 35*(15), pp.3579-3586.

Zollinger, H., 1987. Química da Cor-Síntese, Propriedades e Aplicação de Corantes Orgânicos

Bioplástico - Uma abordagem ecológica Padma Singh & Richa Prasad Mahato Departamento de Microbiologia Kanya Gurukul Campus, Universidade Gurukul Kangri, Haridwar-249407 UTTARAKHAND, ÍNDIA

RESUMO

A crescente preocupação mundial com a escassez de petróleo não só afecta a indústria energética, como também altera a indústria química. Com o esgotamento dos recursos de petróleo bruto, o fabrico de plásticos convencionais torna-se cada vez mais caro. Como resultado, há uma necessidade iminente de utilizar matérias-primas alternativas e sustentáveis para substituir os recursos fósseis. Tecnologias recentes são direcionadas para o desenvolvimento de materiais bio-verdes que exercem efeitos secundários negligenciáveis no ambiente. Um plástico de síntese biológica, o polihidroxialcanoato (PHA), tem atraído grande interesse devido às suas propriedades físicas semelhantes às dos plásticos sintéticos. A seleção de estirpes bacterianas adequadas, processos eficientes de fermentação e recuperação são aspectos importantes que devem ser tidos em consideração para a comercialização de PHA. Este documento apresenta uma panorâmica dos métodos de seleção de bactérias acumuladoras de PHA, bactérias produtoras de PHA disponíveis no mercado, métodos de produção adequados e técnicas de extração.

Palavras-chave: Plástico convencional, Plástico de síntese biológica, Polihidroxialcanoato (PHA), Bactérias produtoras de PHA, Produção, Extração

Introdução

Todos os anos são consumidos cerca de 140 milhões de toneladas de plástico em todo o mundo, o que exige o processamento de aproximadamente 150 milhões de toneladas de combustíveis fósseis e provoca diretamente quantidades imensas de resíduos que podem levar milhares de anos a deteriorar-se naturalmente, se é que se degradam de todo (Suriyamongkol *et al,* 2007). **Plástico** é o nome genérico de materiais sintéticos, semi-sintéticos ou naturais. Uma estimativa muito geral da produção mundial de resíduos de plástico é de cerca de 57 milhões de toneladas por ano. Em 2009, foram produzidos cerca de 230 milhões de toneladas de plástico e cerca de 25% destes plásticos foram utilizados na UE. Os plásticos não se decompõem facilmente no ambiente porque são resistentes ao ataque microbiano, devido à sua massa molecular excessiva, ao elevado número de anéis aromáticos, às ligações invulgares ou às substituições de halogéneos (Alexander, 2001). Consequentemente, os bioplásticos são uma alternativa viável, na medida em que não se baseiam em recursos fósseis e podem ser facilmente biodegradados. No entanto, até à data, os custos de produção dos polímeros derivados do petróleo continuam a ser inferiores aos das alternativas biodegradáveis, o que constitui um obstáculo ao desenvolvimento comercial e à venda a retalho de alternativas amigas do ambiente.

Os PHAs são poliésteres opticamente activos que ocorrem naturalmente e são produzidos metabolicamente a partir da bioconversão de alcanos e ácidos alcanóicos por várias estirpes bacterianas (Ulmer *et al,* 1994 & Eggink *et al,* 1995). As bactérias têm a capacidade de produzir bioplásticos sob a forma de polihidroxialcanoatos (Chen, 2009). Os PHAs são monómeros de ácidos gordos 3-hidroxi que formam poliésteres lineares, cabeça a cauda. O PHA é normalmente produzido como um polímero de 103-104 monómeros, que se acumula como inclusões de 0,2-0,5 pm de diâmetro. A síntese de PHA no interior das bactérias ocorre quando o organismo sofre um desequilíbrio de nutrientes, como mais carbono com menos fósforo, azoto e oxigénio (Anderson e Dawes, 1990). A principal vantagem é o facto de os polímeros biodegradáveis serem completamente degradados em água, dióxido de carbono e metano por microrganismos anaeróbicos em vários ambientes, como o solo, o mar, a água dos lagos e as águas residuais, pelo que podem ser facilmente eliminados sem prejudicar o ambiente.

Os PHAs são geralmente classificados como PHAs de cadeia curta ou média (SCL- e MCL-PHA, respetivamente). Os PHA-CCL contêm quatro a cinco monómeros de carbono; o polihidroxibutirato (PHB) e o polihidroxivalerato (PHV) contêm quatro monómeros de carbono [3-(R)-hidroxibutirato] e cinco monómeros de carbono [3-(R)-hidroxivalerato], respetivamente. *Ralstonia eutropha, Allochromatium vinosum* e *Bacillus megaterium* são produtores representativos de SCL-PHA. As PHA sintases de classe I (phaC), de classe III (phaC, phaE) e de classe IV (phaC, phaR) são activas em relação ao 3-hidroxialcanoato-CoA de cadeia curta (SCL-3HA-CoA) com três a cinco carbonos para a produção de SCL-PHA. Os MCL-PHA contêm monómeros de seis a catorze carbonos. *Pseudomonas putida, Pseudomonas oleovorans* e *Pseudomonas aeruginosa* são produtores representativos de MCL-PHA. A sintase de PHA de classe II phaC é ativa em relação ao 3-hidroxialcanoato-CoA de cadeia média (MCL-3HA-CoA) com seis a catorze carbonos para a produção de MCL-PHA. Curiosamente, *Aeromonas caviae* FA440 e *Pseudomonas* sp. 61-3 produzem copolímeros que contêm SCL-PHA e MCL-PHA (Nomura e Taguchi, 2007).

O poli (3-hidroxibutirato) [P(3HB)] é o PHA mais comum e foi descrito pela primeira vez por (Lemoigne, 1926). Desde então, foram identificadas várias estirpes de bactérias Gram negativas (Forsyth *et al.,* 1958), Gram positivas (Findlay & White., 1983), arqueobactérias (Doi, 1990) e bactérias fotossintéticas [Hassan., *et al.,* 1998], incluindo cianobactérias (Jau *et al.,* 2005), que acumulam P(3HB) tanto em condições aeróbias como anaeróbias. O reconhecimento do papel do P(3HB) como um polímero de armazenamento bacteriano que possui uma função quase semelhante à do amido e do glicogénio foi aceite por (Dawes & Senior, 1973). (Macrae e Wilkinson, 1958) observaram que *o Bacillus megaterium* iniciava a acumulação do homopolímero P(3HB) quando a relação entre a glucose e o azoto no meio de cultura 0010 era elevada e a subsequente degradação intracelular, referida como mobilização de P(3HB), ocorria na ausência de fontes de carbono e energia.

Dependendo das condições de cultura que favorecem a acumulação de PHA, as bactérias que são utilizadas para a produção de PHA podem ser classificadas em dois grupos. O primeiro grupo de bactérias requer a limitação de nutrientes essenciais, como o azoto e o oxigénio, e a presença de uma fonte de carbono em excesso para a síntese eficiente de PHA. As bactérias representativas pertencentes a este grupo incluem *C. necator, Protomonas extorquens* e *Pseudomonas oleovorans.* Por outro lado, o segundo grupo de bactérias não necessita de limitação de nutrientes para a síntese de PHA e pode acumular PHA durante a fase de crescimento exponencial. Algumas das bactérias incluídas neste grupo são *Alcaligenes latus,* uma estirpe mutante de *Azotobacter vinelandii* e *E. coli* recombinante que alberga o operão biossintético de PHA de *C. necator* (Lee, 1996).

A utilização de diferentes materiais residuais para a biossíntese de PHA é uma boa estratégia, uma vez que a produção é eficiente em termos de custos e os problemas de eliminação são também ultrapassados (Koller *et al,* 2005). Na maioria das vezes, é utilizado um método de cultivo em duas fases, que foi inicialmente adotado pela ICI para a produção industrial de P(3HB-co-3HV) e a tecnologia não sofreu grandes alterações desde então (Byrom, 1987). Na primeira fase, as células bacterianas são cultivadas até que uma concentração de massa celular pré-determinada seja atingida sem limitação de nutrientes. As células são então transferidas para o meio do segundo estágio com nutrientes limitantes e os substratos de carbono alimentados são utilizados pelas células para produzir PHA. Durante esta fase de limitação de nutrientes, as células são incapazes de se multiplicar e permanecem quase constantes. No entanto, as células começam a aumentar de tamanho e peso devido à acumulação intracelular de PHA como produto de armazenamento (Lee, 1996). A produção de PHB é mais dispendiosa do que a produção de polímeros sintéticos, pelo que é necessário explorar a sua produção a partir de fontes de carbono renováveis e disponíveis localmente. Além disso, é importante gerir a otimização de outras condições de cultura, tais como o momento adequado para a colheita do polímero, os níveis de arejamento e a temperatura de incubação. São necessárias várias condições ambientais e caraterísticas de cultura para otimizar a produção de PHB por este isolado, bem como o melhoramento da estirpe por mutação.

Foram desenvolvidos vários processos de extração por solventes para recuperar o PHB da biomassa. Por exemplo, o PHB pode ser extraído de células bacterianas com cloreto de metileno, carbonato de propileno, dicloroetano ou clorofórmio. Um procedimento menos complexo é a utilização de um método de digestão diferencial que emprega hipoclorito de sódio. Embora simples e eficaz, este método tem sido evitado por ter sido relatado que causa uma degradação grave do PHB (Ramsay *et al.*, 1990) relataram que, ao otimizar as condições de digestão com hipoclorito de sódio e ao equilibrar a proporção de hipoclorito para a biomassa não-PHB, foi recuperado PHB com 95% de pureza e um peso molecular médio de 600.000 em *Alcaligenes eutrophus*. O PHB é hidrofóbico, enquanto as células liofilizadas são hidrofílicas. Quando o PHB é isolado da célula pela ação do hipoclorito, migra imediatamente para a fase clorofórmica, evitando uma degradação grave. O clorofórmio pode proteger, pelo menos parcialmente, as moléculas de PHB da ação destrutiva do hipoclorito.

Desde então, o PHA tem atraído muitos interesses comerciais e de investigação devido à sua biodegradabilidade, biocompatibilidade, diversidade química e ao seu fabrico a partir de recursos de carbono renováveis. Os PHA são polímeros de elevada massa molecular com propriedades semelhantes às dos plásticos convencionais, como o polipropileno (Reddy *et al*, 2003). Por conseguinte, têm uma vasta gama de aplicações, como no fabrico de garrafas, materiais de embalagem, películas para a agricultura e também em aplicações médicas (Oliveira *et al.*, 2004). A principal barreira à sua ampla aceitação é o elevado custo, particularmente os custos das matérias-primas carbonosas (40%) e da recuperação do polímero (26%) (Yu, 2002). Por conseguinte, a identificação de substratos alternativos rentáveis para a produção de PHA tornou-se um objetivo importante para a comercialização de bioplásticos (Preethi *et al*,

2012). Com esta informação pronta, o trabalho de investigação sobre PHA pode ser rapidamente iniciado, quer através da utilização de estirpes microbianas previamente depositadas em colecções de culturas, quer através do isolamento e caraterização de novos micróbios produtores de PHA.

Aspectos económicos

Apesar das numerosas vantagens da utilização de plásticos biodegradáveis, a comercialização de PHA está em curso desde os anos 80 com um sucesso limitado. O elevado custo de produção do PHA tem sido uma das principais desvantagens para a sua substituição dos plásticos petroquímicos (Byrom, 1987 & Choi & Lee, 1997). Tendo em conta que o preço da maioria dos plásticos de base derivados do petróleo, como o polietileno e o polipropileno, é inferior a 1 dólar por kg^{-1} (Lee, 1996), o PHA não pode atualmente competir com a produção a granel de plásticos petroquímicos. Foram envidados esforços substanciais para reduzir o custo de produção através do desenvolvimento de estirpes bacterianas eficientes e de processos de fermentação e recuperação (Lee, 1996 & Grothe *et al*, 1999). O principal custo na produção de PHA é o custo do substrato (Yamane, 1993). Assim, a seleção de um substrato de carbono adequado é um fator crítico que determina o desempenho global da fermentação bacteriana e o custo do produto final. Por conseguinte, a abordagem mais simples consiste em escolher substratos de carbono renováveis, pouco dispendiosos e mais facilmente disponíveis que possam apoiar eficazmente o crescimento microbiano e a produção de PHA. Os microrganismos são capazes de produzir PHA a partir de várias fontes de carbono, desde efluentes residuais complexos e pouco dispendiosos a alcanos (Lageveen *et al.*, 1988), ácidos gordos (Eggink *et al.*, 1992), óleos vegetais (Fukui & Doi, 1998) e hidratos de carbono simples. Todos os anos, uma grande quantidade de resíduos é descarregada das indústrias agrícolas e de transformação de alimentos e estes resíduos representam uma potencial matéria-prima renovável para a produção de PHA. A utilização destes resíduos como fonte de carbono para a produção de PHA não só reduz o custo do substrato, como também poupa o custo da eliminação de resíduos (Yu, 2007).

Rastreio de bactérias para a produção de PHA

Até à data, foram descritos dois métodos principais para o rastreio de bactérias naturais produtoras de PHA a partir de ambientes, nomeadamente o rastreio baseado no fenótipo e o rastreio baseado no genótipo. Existem muitos métodos de deteção fenotípica para a deteção de grânulos intracelulares de PHA, que são aplicados na despistagem de produtores de PHA, incluindo a coloração com negro de Sudão B (Redzwan *et al.*, 1997 & Reddy *et al.*, 2008), a coloração com azul do Nilo A (Ostle & Holt, 1982; Bhuwal *et al.*, 2013; Charen *et al.*, 2014) e o vermelho do Nilo (Gorenflo *et al.*, 1999), que resultam em grânulos azuis escuros ou fluorescentes. Foram desenvolvidos métodos de coloração alternativos para colorir diretamente as colónias (Kranz *et al.*, 1997) ou cultivar bactérias em placas contendo azul do Nilo A ou vermelho do Nilo (Ostle & Holt, 1982; Spiekermann *et al., 1999),* resultando em colónias fluorescentes que podem ser visualizadas por iluminação UV. As colónias produtoras de PHA em placas contendo Sudan black B aparecem como preto-azuladas (Minghsun *et al.*, 1998). Foi referido que os PHAs corados com vermelho do Nilo apresentam um comportamento de fluorescência semelhante, com um máximo num comprimento de onda de excitação entre 540 e 560 nm e um comprimento de onda de emissão entre 570 e 605 nm, detectado por espetroscopia de fluorescência ou citometria de fluxo (Degelau *et al.*, 1995; Muller *et al.*, 1995).

Para o rastreio baseado no genótipo, os iniciadores de oligonucleótidos degenerados ou específicos são concebidos com base em resultados de alinhamento de sequências múltiplas e são utilizados como iniciadores de PCR para detetar genes de PHA sintase (Sheu *et al.*, 2000; Solaiman *et al.*, 2000; Shamala *et al.*, 2003; Ciesielski *et al.*, 2006; Ciesielski *et al.*, 2013). Para uma deteção rápida, a técnica de PCR de colónia é utilizada para rastrear os produtores de PHA do ambiente (Hong *et al.*, 1999; Sheu *et al.*, 2007,). A capacidade de acumulação de PHA de colónias bem separadas, isoladas de amostras ambientais, pode ser diretamente validada por PCR, sem necessidade de outros procedimentos de cultura ou de extração de ADN cromossómico. Para além da sua aplicação no rastreio de isolados de tipo selvagem, o produto individual amplificado por PCR também é adequado como sonda específica para a deteção do operão PHA em produtores e clonagem (Sheu *et al.*, 2007).

Bactérias produtoras de PHA

Tem sido relatado que os produtores de PHA residem em vários nichos ecológicos que estão natural ou acidentalmente expostos a uma elevada quantidade de matéria orgânica ou a condições de crescimento limitadas, tais como resíduos de produtos lácteos, locais contaminados com hidrocarbonetos, resíduos de fábricas de pasta de papel e papel, resíduos agrícolas, lamas activadas de estações de tratamento, rizosfera e efluentes industriais (Berlanga *et al*, 2006). Uma ampla gama de bactérias naturais taxonómica e fisiologicamente diferentes e algumas arqueas acumulam PHAs como materiais de reserva de armazenamento e depositam-nos como grânulos insolúveis no citoplasma (Steinbuchel., 1991; Steinbuchel, 1991; Ciesielski *et al*, 2006; Bhuwal *et al*, 2013; Charen *et al.*, 2014; Ciesielski *et al*, 2014). Após a descoberta do PHB da bactéria *B. megaterium* (Lemoigne, 1926), mais de 300 bactérias diferentes, incluindo espécies Gram-negativas e positivas, foram relatadas como acumuladoras de vários PHAs (Steinbuchel, 1991; Lenz *et al.*, 1992; Berlanga *et al.*, 2006; Ciesielski *et al.*, 2006; Ojumu & Solomon., 2014). Até à data, verificou-se que a maioria das bactérias produtoras de PHA são Gram-negativas. Comparativamente, foi registado um número limitado de bactérias Gram-positivas dos géneros *Bacillus, Caryophanon, Clostridium, Corynebacterium, Micrococcus, Microlunatus, Microcystis, Nocardia, Rhodococcus, Staphylococcus* e *Streptomyces* (Tan *et al.*, 2014). No que diz respeito às archaea, a produção de PHA até à data, no entanto, tem sido limitada a espécies de haloarchaeal, especificamente os géneros *Haloferax, Halalkalicoccus, Haloarcula, Halobacter- ium, Halobiforma, Halococcus, Halopiger, Haloquadratum, Halorhabdus, Halorubrum, Halostagnicola, Haloterrigena, Natrialba, Natrinema, Natronobacterium, Natronococcus, Natronomonas* e *Natronorubrum* (Han *et al*, 2010).

As bactérias utilizadas para a produção de PHAs podem ser divididas em dois grandes grupos com base nas condições de cultura necessárias para a síntese de PHA (Khanna & Srivastava, 2005). O primeiro grupo de bactérias requer a limitação de um nutriente essencial, como o azoto, o fósforo, o magnésio ou o enxofre, para a síntese de PHA a partir de uma fonte de carbono em excesso. As bactérias incluídas neste grupo são *Ralstonia eutropha, Protomonas extorquens* e *P. oleovorans*. O segundo grupo de bactérias não necessita de limitação de nutrientes para a síntese de PHA e o polímero é acumulado durante a fase de crescimento. Inclui *Alcaligenes latus*, uma estirpe mutante de *Azotobacter vinelandii* e *Escherichia coli* recombinante. Estas caraterísticas são importantes a ter em conta aquando da produção de PHA.

Produção de polímeros

Os PHA são sintetizados e acumulados intracelularmente na maioria das bactérias em condições de crescimento desfavoráveis, como a limitação de azoto, fósforo, oxigénio ou magnésio na presença de um fornecimento excessivo de fontes de carbono (Lee, 1996; Du *et al*, 2001a; Du e Yu, 2002a).

Dependendo das condições de cultura que favorecem a acumulação de PHA, as bactérias que são utilizadas para a produção de PHA podem ser classificadas em dois grupos. O primeiro grupo de bactérias requer a limitação de nutrientes essenciais, como o azoto e o oxigénio, e a presença de uma fonte de carbono em excesso para a síntese eficaz de PHA. As bactérias representativas pertencentes a este grupo incluem *C. necator, Protomonas extorquens* e *Pseudomonas oleovorans*. Por outro lado, o segundo grupo de bactérias não necessita de limitação de nutrientes para a síntese de PHA e pode acumular PHA durante a fase de crescimento exponencial. Algumas das bactérias incluídas neste grupo são *Alcaligenes latus*, uma estirpe mutante de *Azotobacter vinelandii* e *E. coli* recombinante que alberga o operão biossintético de PHA de *C. necator* (Lee, 1996).

Ainda estão a ser desenvolvidas estratégias para simular condições para a produção eficiente de PHAs. (Du *et al*, 2001b; Du e Yu, 2002b; Yu, 2001). Sabe-se que algumas bactérias, como *A. eutrophus, A. latus* e uma estirpe mutante de *Azotobacter vinelandii*, acumulam PHA durante o crescimento na ausência de limitação de nutrientes. É necessário ter em conta vários factores na seleção de microrganismos para a produção industrial de PHA, tais como a capacidade da célula para utilizar uma fonte de carbono pouco dispendiosa, a taxa de crescimento, a taxa de síntese de polímeros e a extensão máxima da acumulação de polímeros de uma determinada célula com base no substrato. Alguns trabalhadores derivaram equações que prevêem o rendimento de PHA em várias fontes de carbono (Yamane, 1992; Yamane, 1993; Yu e Wang, 2001) que podem ser utilizadas para o cálculo preliminar dos rendimentos de PHA.

A fim de reduzir o custo global, é importante produzir PHA com elevada produtividade e elevado rendimento. Foram efectuados vários métodos, como o cultivo em regime contínuo e em regime de lote alimentado, para melhorar a produtividade (Lee, 1996; Du *et al.,* 2001b; Du e Yu, 2002a; Du e Yu, 2002b; Yu e Wang, 2001). Apenas três PHAs proeminentes [PHB, poli (3-hidroxibutirato-co-3-hidroxivalerato) e poli (3-hidroxihexanoato-co-3-hidroxioctanoato)] foram produzidos numa concentração relativamente elevada com elevada produtividade.

PHA Recuperação e purificação de polímeros

Uma vez que o PHA é um produto intracelular, o método aplicável para a separação efectiva do PHA de outros componentes da biomassa pode ser complexo e dispendioso. A recuperação e purificação eficientes de PHA a partir de células são necessárias para a sua produção industrial rentável, mas a extração de PHA a partir de células coloca outro desafio. A relação custo-eficácia do isolamento de PHA não depende apenas do equipamento e dos produtos químicos necessários, mas, acima de tudo, dos rendimentos da recuperação do produto e da possibilidade de reutilizar os compostos necessários para o isolamento. O processamento a jusante constitui uma parte fundamental de todo o processo de produção de PHA. Após a biossíntese do poliéster e a separação da biomassa bacteriana (normalmente através de centrifugação, sedimentação, floculação ou filtração), o processo necessário para a recuperação de PHA constitui outro fator de custo não negligenciável, especialmente na produção em grande escala. Os métodos de recuperação de PHA envolvem normalmente a lise da parede celular/membrana celular, a solubilização e purificação do componente PHA e a precipitação do polímero PHA. Os métodos comuns para a recuperação do polímero PHA da biomassa microbiana são os métodos de extração por solventes e os métodos de digestão química e enzimática.

De entre todos os métodos de recuperação, a extração por solventes é o mais bem estabelecido e mais utilizado para obter o polímero PHA a partir da biomassa devido à sua elevada pureza. Num estudo realizado por (Ramsay *et al*, 1994), os solventes clorofórmio, cloreto de metileno ou 2-di-cloroetano foram avaliados para a recuperação de P3HB em várias condições (clorofórmio: 61 °C, 1 h; cloreto de metileno: 40° C, 24 h; e 1,2-dicloroetano: 83° C, 0,5 h). Após a extração do solvente, os resíduos celulares foram removidos por filtração e a solução foi concentrada por evaporação rotativa antes de o polímero P3HB ser precipitado por adição gota a gota de etanol gelado. Observou-se que o clorofórmio e o 1, 2-dicloroetano obtiveram uma elevada recuperação de P3HB (68%) com elevada pureza (96% a 98%) em comparação com o cloreto de metileno (recuperação: 25%, pureza: 98%).

O método de digestão é uma alternativa bem estabelecida à extração por solventes para a recuperação de PHA. Na digestão química, o hipoclorito de sódio é utilizado para solubilizar a biomassa não-P3HB, conseguindo assim a separação do conteúdo de P3HB que pode ser recuperado por centrifugação (Berger *et al*, 1989). Embora o método seja simples e eficaz, os polímeros de P3HB obtidos através da digestão com hipoclorito são geralmente de massas moleculares mais baixas devido à forte degradação do polímero (Berger *et al*, 1989). Para resolver este problema, foi desenvolvida uma abordagem combinada que utiliza dispersões de solução de hipoclorito de sódio como solubilizador de células e clorofórmio para proteger o P3HB de uma maior degradação após a sua libertação das células, tirando assim partido tanto da digestão com hipoclorito como da extração por solvente (Hahn *et al*, 1994).

Em comparação com a extração por solventes e a digestão química, a digestão enzimática requer condições de funcionamento mais suaves, ao mesmo tempo que se consegue uma degradação insignificante do produto (Kapritchkoff *et al.*, 2006). A biomassa foi suspensa num tampão especializado e incubada a uma temperatura específica, que foi optimizada para a atividade enzimática. Após a hidrólise enzimática, o polímero P3HB foi recuperado por centrifugação. Este método permite obter uma pureza do polímero de até 90% (Kapritchkoff *et al.*, 2006). Os métodos de recuperação de PHA com base em enzimas são mais seguros em termos de funcionamento, apresentam menos riscos para a saúde e têm uma pegada ambiental menor. No entanto, o elevado custo das enzimas pode aumentar o custo global da extração.

Conclusão:

Os biocombustíveis à base de PHA recentemente desenvolvidos abrem uma nova área de desenvolvimento que evita a discussão sobre alimentos versus combustível e combustível versus terra. Em condições de stress ambiental com excesso de carbono disponível, alguns micróbios produzem PHA intracelularmente com produção simultânea de outros metabolitos. Estes subprodutos biológicos significativamente importantes exigem um estabelecimento vigoroso de um processo industrial que contribua como elemento-chave para uma produção de elevado custo. O desafio para a futura aplicação dos polímeros PHA depende principalmente do aumento dos níveis de produção destes polímeros com as várias propriedades desejadas de uma forma económica. Para tal, é necessário melhorar a tecnologia atual em todo o processo, desde a fase inicial até à fase final. Isto sugere a seleção e o desenvolvimento de estirpes bacterianas capazes de consumir e transformar eficientemente vários substratos numa gama de PHAs com diferentes propriedades, com elevado rendimento e produtividade; fermentações de elevado desempenho e extração e purificação eficientes para baixar o preço.

Referências

Alexander, M. (2001). Biodegradação de produtos químicos de interesse ambiental, Sci. 211(1): 132- 138.

Anderson, A.J., Dawes, E.A. (1990). Ocorrência, metabolismo, papel metabólico e utilizações industriais de polihidroxialcanoatos bacterianos. Microbiol. Rev. 54: 450-472.

Bhuwal, A.K., Singh, G., Aggarwal, N.K., Goyal, V.1., Yadav, A. (2013). Isolamento e triagem de bactérias produtoras de polihidroxialcanoatos a partir de resíduos da indústria de celulose, papel e papelão. Int. J. Biomater., 1 -10.

Berger, E., Ramsay, B.A., Ramsay, J.A., Chavarie, C., Braunegg, G. (1989). Recuperação de PHB por digestão com hipoclorito de biomassa não-PHB. Biotechnol. Tech. 3: 227-232.

Berlanga, M., Montero, M.T., Fernandez-Borrell, J., Guerrero, R. (2006). Int. Microbiol. 9: 95 - 102.

Byrom, D. (1987). Polymer synthesis by microorganisms: Technology and economics. Tendências em Biotecnologia. 5: 246-250.

Charen, T., Vaishal, I.P., Kaushalya, M.; Amutha, K., Ponnusami, V., Gowdhaman, D. (2014). Int. J. ChemTech. Res. 6(5), 3197-3202.

Chen, G.Q. (2009). Uma indústria microbiana de polihidroxialcanoatos (PHA) baseada em bio- e materiais. Chem Soc Rev. 38: 2434-2446.

Choi, J.I., Lee, S.Y. (1997). Análise do processo e avaliação económica da produção de poli(3- hidroxibutirato) por fermentação. Engenharia de Bioprocessos. 17: 335-342.

Ciesielski, S., Cydzik-Kwiatkowska, A., Pokoj, T., Klimiuk, E. J. Appl. Microbiol. (2006), 101: 190-199.

Ciesielski, S., Gorniak, D., Mo-zejko, J., Swiatecki, A., Grzesiak, J., Zdanowski, M. (2014), Curr. Microbiol. 69: 594-603.

Ciesielski, S., Pokoj, T., Mo-zejko, J., Klimiuk, E. (2013), Pol. J. Microbiol. 62(1): 45-50.

Dawes, E.A., Senior, P.J. (1973). O papel e a regulação dos polímeros de reserva de energia em microorganismos. Avanço em Fisiologia Microbiana. 10: 135-266.

Degelau, A., Scheper, T., Bailey, J.E., Guske, C. (1995), Appl. Microbiol. Biotechnol. 42: 653657.

Doi, Y. (1990). Microbial polyesters. Nova Iorque, VCH.

Du, G., Chen, J., Yu, J., Lun, S. (2001b). Produção contínua de poli-3-hidroxibutirato por *Ralstonia eutrophus* num sistema de cultura em duas fases. J Biotechnol. 88: 59-65.

Du, G., Si, Y., Yu, J. (2001a). Efeito inibitório do ácido gordo de cadeia média na síntese de polihidroxialcanoatos a partir de ácidos gordos voláteis por *Ralstonia eutrophus* Biotechnol. Lett. 23: 1613-1617.

Du, G. e Yu, J. (2002a). Análise metabólica da utilização de ácidos gordos por *Pseudomonas oleovorans:* síntese de mcl-poli-3-hidroxialcanoatos versus oxidação. Process Biochem. 38: 325-332.

Du, G., Yu, J. (2002b). Tecnologia verde para a conversão de restos de comida em polihidroxialcanoatos termoplásticos biodegradáveis. Environ. Sci. Technol. 36: 5511-5516.

Eggink, G., Van der Wal, H., Huijberts, G.N.M., de Waard, P. (1992). O ácido oleico como substrato para a formação de poli-3-hidroxialcanoato em *Alcaligenes eutrophus* e *Pseudomonas putida.* Industrial Crops and Products. 1: 157-163.

Eggink, G.P., Waard e Huijberts, G. (1995). Formação de novos poli(hidroxialcanoatos) a partir de ácidos gordos de cadeia longa, Can. J. Microbiol. 41(11): 14-21.

Findlay, R.H., White, D.C. (1983). Beta-hidroxialcanoatos poliméricos de amostras ambientais e *Bacillus megaterium.* Microbiologia Aplicada e Ambiental. 45: 71-78.

Forsyth, W.G.C., Hayward, A.C., Roberts, J.B. (1958). Ocorrência de ácido poli-0-hidroxibutírico em bactérias Gram-negativas aeróbicas. Nature. 182: 800-801.

Fukui, T., Doi, Y. (1998). Produção eficiente de polihidroxialcanoatos a partir de óleos vegetais por *Alcaligenes eutrophus* e a sua estirpe recombinante. Microbiologia Aplicada e Biotecnologia. 49:333-336.

Goren flo, V.; Steinbuchel, A.; Marose, S.; Rieseberg, M.; Scheper, T. (1999). Appl. Microbiol. Biotechnol. 51:765-772.

Grothe, E., Moo-Young, M., Chisti, Y. (1999). Otimização da fermentação para a produção de termoplástico microbiano de poli(ácido beta-hidroxibutírico). Enzyme and Microbial Technology. 25: 132-141.

Hahn, S.K., Chang, Y.K., Kim, B.S., Chang, H.N. (1994). Otimização da recuperação microbiana de poli(3- hidroxibutirato) utilizando dispersões de solução de hipoclorito de sódio e clorofórmio. Biotechnol. Bioeng. 44: 256-261.

Han, J., Hou, J., Liu, H., Cai, S., Feng, B., Zhou, J., Xiang, H. (2010). Appl. Environ. Microbiol. 76: 7811-7819.

Hassan, M.A., Shirai, Y., Kubota, A., Abdul Karim, M.I., Nakanishi, K., Hashimoto, K. (1998). Efeito dos oligossacáridos no consumo de glucose por *Rhodobacter sphaeroides* na produção de polihidroxialcanoatos a partir de amido de sagu cru tratado enzimaticamente. Journal of Fermentation and Bioengineering. 86: 57-61.

Hong, K., Sun, S.Q., Tian, W.D., Chen, G.Q. (1999). Appl. Microbiol. Biotechnol. 51: 523526.

Jau, M.H., Yew, S.P., Toh P.S.Y., Chong, A.S.C., Chu, W.L., Phang, S.M., Najimudin N, Sudesh, K. (2005). Biossíntese e mobilização de poli(3-hidroxibutirato) [P(3HB)] por *Spirulina platensis*. International Journal of Biological Macromolecules. 36: 144-151.

Kapritchkoff, F.M., Viotti, A.P., Alli, R.C.P., Zuccolo, M., Pradella, J.G.C., Maiorano, A.E., Miranda, E.A., Bonomi, A. (2006). Recuperação enzimática e purificação de polihidroxibutirato produzido por *Ralstonia eutropha*. J. Biotechnol. 122: 453-462.

Khanna, S.; Srivastava, A.K. (2005). Proc. Biochem. 40: 607- 619.

Koller, M., Bona, R., Braunegg, G., Hermann, C., Horvat, P., Kroutil, M., Martinz, J., Neto, J., Pereira, L., Varila, P. (2005). Produção de polihidroxialcanoatos a partir de resíduos agrícolas e materiais excedentes. Biomacromoléculas. 6: 561-565.

Kranz, R.G., Gabbert, K.K., Madigan, M.T. (1997). Appl. Environ. Microbiol. 63: 3010-3013.

Lageveen, R.G., Huisman, G.W., Preusting, H., Ketelaar, P., Eggink, G., Witholt, B. (1988). Formação de poliésteres por *Pseudomonas oleovorans:* Efeito dos substratos na formação e composição de poli-(R)-3-hidroxialcanoatos e poli-(R)-3-hidroxialcenoatos. Applied and Environmental Microbiology. 54: 2924-2932.

Lee, S.Y. (1996). Polihidroxialcanoatos bacterianos. Biotechnol. Bioeng. 49: 1-14.

Lemoigne, M. (1926). Produits de dehydration et de polymerization de l'acid ,B-oxybutyrique. Bull. soc. chim. biol. 8: 770-782.

Lenz, R.W., Kim, Y.B., Fuller, R.C. (1992). FEMS Microbiol. Rev. 103: 207-214.

Macrae, R.M., Wilkinson, J.F. (1958). A influência das condições de cultura na síntese de poli-0-hidroxibutirato em *Bacillus megaterium*. Actas da Royal Physical Society of Edinburgh. 27: 73-78.

Madison, L.L., Huisman, G.W. (1999). Engenharia metabólica de poli(3-hidroxialcanoatos): Do ADN ao plástico. Microbiology and Molecular Biology Reviews. 63: 21-53.

Minghsun, L., Juan, E.G., Laura, B.W., Walker, G.C. (1998). Appl. Environ. Microbiol. 64(11): 4600-4602.

Muller, S., Losche, A., Bley, T., Scheper, T. (1995). Appl. Microbiol. Biotechnol. 43: 93-101.

Noda I. (1998). Processo de recuperação de polihidroxialcanoatos utilizando a classificação do ar. Patente dos Estados Unidos. 5: 849-854.

Nomura, C.T. e Taguchi, S. (2007). Engenharia da PHA sintase para superbiocatalisadores de biopolímeros personalizados. Appl. Microbiol. Biotechnol. 73: 969 - 979.

Ojumu, T.J., Solomon, B.O. (2004). Afr. J. Biotechnol. 3(1): 18-24.

Oliveira, F.C., Freire, D.M.G. e Castilho, L.R. (2004). Produção de Poli (3- hidroxibutirato) por fermentação em estado sólido com *Ralstonia eutropha*, Biotechnol. Lett. 26(24): 1851-1855.

Ostle, A.G., Holt, J.G. (1982). Appl. Environ. Microbiol. 44: 238-241.

Preethi. R., Sasikala. P., Aravind. J. (2012). Produção microbiana de polihidroxi-alcanoato (PHA) utilizando resíduos de frutas como substrato. Res. in Biotech., 3(1): 61-69.

Ramsay, J.A., Berger, E., Voyer, R., Chavarie, C., Ramsay, B.A. (1994). Extração de poli-3-hidroxibutirato utilizando solventes clorados. Biotechnol. Tech. 8: 589-594.

Ramsay, J. A., Berger, E., Ramsay, B. A., & Chavarie, C. (1990). Recuperação de grânulos de ácido poli-3-hidroxialcanóico por um tratamento com surfactante-hipoclorito. Biotechnology Techniques. 4(4): 221-226.

Reddy, C.S.K., Ghai, R., Rashmi e Kalia, V.C. (2003). "Polihidroxialcanoatos: uma visão geral". Bioresour. Technol. (87): 137-146.

Reddy, S.V., Thirumala, M., Reddy, T.V.K., Mahmood, S.K. (2008). World J. Microbiol. Biotechnol. 24: 2949-2955.

Redzwan, G., Gan, S.-N., Tan, I.K.P. (1997). World J. Microbiol. Biotechnol. 13: 707-709.

Shamala, T.R., Chandrashekar, A., Vijayendra, S.V.N., Kshama, L. J. (2003). Appl. Microbiol. 94: 369-374.

Sheu, D.S., Wang, Y.T., Lee, C.Y. (2000). Microbiology. 146: 2019-2025.

Shinoka, T., Shum-Tim, D., Ma, P.X., Tanel, R.E., Isogai, N., Langer, R., Vacanti, J.P., Mayer, J.E. (1998). Criação de auto-enxertos viáveis de artéria pulmonar através da engenharia de tecidos. The Journal of Thoracic Cardiovascular Surgery. 115: 536-546.

Solaiman, D.K.Y., Ashby, R.D., Foglia, T.A. (2000). Appl. Microbiol. Biotechnol. 53:

690694.

Spiekermann, P., Rehm, B.H.A., Kalscheuer, R., Baumeister, D., Steinbuchel, A. (1999), Arch. Microbiol. 171: 73 -80.

Steinbuchel, A. (1991). Ata. Biotechnol. 11: 419-427.

Steinbuchel, A. (1991). Ácidos polihidroxialcanoaicos. Em Biomaterials, Novel Materials from Biological Sources; Byrom, D., Ed.; Stockton Press: Nova Iorque. 123-213.

Suriyamongkol, P., Weselake, R., Narine, S., Moloney, M., Shah, S. (2007). Abordagens biotecnológicas para a produção de polihidroxialcanoatos em microorganismos e plantas - uma revisão. Biotechnol Adv. 25(2): 148-175.

Tan, G.A., Chen, C., Li, L., Ge, L., Wang, L., Razaad, I.M.N., Li, Y., Zhao, L., Mo, Y., Wang, J. (2014). Polymers6: 706-754.

Ulmer, H.W., Gross, R.A., Posada, M., Weisbach, P., Fuller, R.C. e Lenz, R.W. (1994). Bacterial production of poly(beta-hydroxyalkanoates) containing unsaturated repeating units by *Rhodospirillum rubrum*, Macromol. 27(7): 1675-1679.

Yu, J. (2001). Produção de PHA a partir de águas residuais de amido através de ácidos orgânicos. J. Biotechnol. 86: 105-112.

Yamane, T. (1992). Engenharia de cultivo da produção microbiana de bioplásticos. FEMS Microbiol. Rev. 103: 257-264

Yamane, T. (1993). Rendimento do poli-D(-)-3-hidroxibutirato a partir de várias fontes de carbono: um estudo teórico. Biotechnol. Bioeng. 41: 165-170.

Yu, J. (2007). Produção microbiana de bioplásticos a partir de recursos renováveis. In: S. T. Yang editor. Bioprocessing for value-added products from renewable resources (Bioprocessamento para produtos de valor acrescentado a partir de recursos renováveis). 585-610.

Yu, J., Wang, J. (2001). Modelação do fluxo metabólico da desintoxicação do ácido acético por *Ralstonia eutrophus* a níveis de pH ligeiramente alcalinos. Biotechnol. Bioeng. 73: 458-464.

Yu, J., Si, Y. e Wong, W.R. (2002). Modelação cinética da inibição e utilização de ácidos gordos voláteis mistos na formação de polihidroxialcanoatos por *Ralstonia eutropha.* Process Biochem. 37: 731-738.

Técnica de biossorção para a remoção de metais pesados do ambiente.

Padma Singh*, Vani Sharma

Departamento de Microbiologia, Campus de Kanya Gurukul, Universidade de Gurukul Kangri, Haridwar, (Uttarakhand)-249407, Índia Autor correspondente ID de correio eletrónico: drpadmasingh06@gmail.com

Resumo: A contaminação da água potável é a forma mais comum de problema ambiental. Alguns contaminantes presentes acidentalmente na água potável, como os metais, as águas residuais industriais e os sedimentos que contêm metais pesados, causam muitos problemas ecológicos e de saúde. Os metais pesados são constituintes naturais do ambiente, mas a utilização indiscriminada para fins humanos alterou os seus ciclos geoquímicos e o equilíbrio bioquímico. A capacidade dos microrganismos para se ligarem aos iões metálicos é uma tendência bem conhecida. Finalmente, discute-se a tolerância dos micróbios aos metais através do processo de biossorção.

Palavras-chave: Ambiente, Metais pesados, Biossorção.

Introdução:- A poluição é causada por uma variedade de poluentes na água, no ar e no solo. Um dos principais poluentes do ambiente em causa, distribuído a nível mundial, são os metais perigosos (Sharma e Singh, 2015). A poluição por metais pesados tornou-se um dos principais problemas ambientais que representam um grave risco para a saúde (Aktan *et al,* 2013). Os problemas ambientais associados aos metais pesados são muito difíceis de resolver, em contraste com as matérias orgânicas, porque a biodegradação pode transformar estas últimas. Têm sido utilizados diferentes métodos para descontaminar o ambiente dos poluentes, como a precipitação química, a oxidação ou a redução, a filtração, a permuta iónica, a osmose inversa, a tecnologia de membranas, a evaporação e o tratamento eletroquímico, mas estas técnicas tornam-se ineficazes quando a concentração de metais pesados é inferior a 100 mg/l e a maioria dos métodos é dispendiosa e está longe do seu melhor desempenho possível (Franke *et al,* 2003). É necessário substituir estes métodos que são baratos e eficientes.

O material biológico pode ligar metais através de processos de biossorção e bioacumulação. No processo de biossorção, os iões de metais são adsorvidos na superfície de um adsorvente. O

O objetivo geral deste trabalho foi analisar o potencial da biossorção para a remoção de metais pesados do ambiente.

Metais pesados e ambiente:- Os metais pesados ocorrem naturalmente no ambiente devido ao processo pedogenético de meteorização dos materiais de base e também através de fontes antropogénicas. Os metais pesados podem criar minerais indefinidos e ligações organo-metálicas no ambiente aquoso e terrestre. Os metais pesados que são introduzidos no ambiente apresentam uma elevada mobilidade. Devido aos seus efeitos tóxicos em elementos específicos do ambiente e à bioacumulação na cadeia alimentar, os metais pesados constituem uma séria ameaça para os organismos vivos.

Quadro 1: Fontes de metais pesados no ambiente

Sources	
Anthropogenic Sources	**Natural Sources**
Pesticides, wood preservatives, bio solids, ore mining and smelting	Weathering of minerals
Paints and Pigments, Plastic Stabilizers, electroplating, phosphate fertilizers.	Erosion and volcanic activities
Tanneries steel industries, fly ash	Forest fires and biogenic sources
Coal combustion, medical waste	Particles released by vegetation
Effluent, Kitchen appliances, Surgical instruments automobiles batteries	-
Aerial emission from combustion of leaded fuel, batteries waste, insecticides and herbicides.	-

Metais pesados e seus efeitos na saúde:- Os metais pesados, como o chumbo, o cádmio, o mercúrio e o arsénio, estão amplamente dispersos no ambiente. Estes elementos não têm efeitos benéficos para o ser humano e não existe um mecanismo de homeostasia para eles (Darghici *et al*, 2010; Vieira *et al*, 2011). Mesmo em baixas concentrações, sabe-se que têm ação neurotóxica e carcinogénica (ATSDR, 2003a, 2003b, 2008; Castro-Gonzalez e Mendez-Armenta; 2008; Jomova e valko, 2011; Tokar *et al*, 2011).

Quadro 2: Efeitos tóxicos de alguns metais pesados

Heavy Metals	Max. acceptable conc. (ppm)	Toxic Effects
Ag	0.10	• Exposure may turn skin or other body tissue gray or blue gray • Breathing problems • Lungs and Throat irritation • Stomach pain
As	0.01	• Affects essential cellular processes such as ATP synthesis
Ba	2.0	• Cause cardiac arrhythmias • Respiratory failure • Gastrointestinal dysfunction • Muscle twitching • Elevated blood pressure
Cd	5.0	• Carcinogenic • Mutagenic • Endocrine disruptor • Lung damage • Fragile bones • Affects calcium regulation in biological systems
Cr	0.1	• Hair loss
Cu	1.3	• Brain and Kidney damage • Elevated levels results in Liver Cirrhosis and Chronic anemia • Stomach and intestinal irritation
Hg	2.0	• Autoimmune Disease

		• Depression
		• Drowsiness
		• Fatigue
		• Hair Loss
		• Insomnia
		• Loss of memory
		• Restlessness
		• Disturbance of vision
		• Brain damage
		• Lungs and Kidney failure
Ni	0.2	• Skin allergic
		• Lung Cancer
		• Nose Sinuses
		• Immunotoxic
		• Neurotoxic
		• Genotoxic
		• Affects fertility
		• Hair loss
Pb	1.5	• Impaired development in children
		• Reduced intelligence
		• Short term memory loss
		• Disabilities in learning
		• Coordination problem
		• Risk of cardiovascular disease
Zn	0.5	• Dizziness
		• Fatigue

Descontaminação de metais pesados de fontes residuais:- Os metais pesados podem ser removidos da água por dois métodos: métodos físico-químicos e métodos de biossorção e bioacumulação.

Método físico-químico:- Estes são os métodos convencionais que são utilizados para a remoção de metais pesados da água (Anielak e Plaskowski, 2000). Estes métodos são os seguintes

- Precipitação química
- Troca de iões
- Processos de membrana
- Sorção
- Infiltração
- Coagulação

O método utilizado para a remoção de metais pesados depende do tipo, composição e formas das águas residuais e do grau de remoção necessário.

Processo de biossorção e bioacumulação:- O processo de biossorção apresenta duas fases, uma fase sólida (biomassa/ sorvente/material biológico) e outra fase líquida (solvente, normalmente água) que contém uma espécie dissolvida a ser sorvida (sorbato/ ião metálico) devido à afinidade do biossorvente pelo sorbato, o sorbato liga-se ao biossorvente através de vários mecanismos e este processo continua até se estabelecer o equilíbrio entre a quantidade de sorbato ligado ao sólido e a sua distribuição entre a fase sólida e a fase líquida (Ahalya *et al*, 2003).

Principalmente, o processo de biossorção, que consiste na acumulação de metais independente do metabolismo, é frequentemente rápido. Pelo contrário, a bioacumulação é a absorção intracelular, dependente do metabolismo, de iões metálicos por microrganismos vivos e é um processo mais lento do que a biossorção (Veglio e Beolcini, 1997). Além disso, o processo de bioacumulação é negativamente afetado por temperaturas mais baixas, na ausência de fontes de energia e na presença de inibidores metabólicos. De facto, a toxicidade de alguns metais pesados para os microrganismos constitui um grande obstáculo à compreensão dos mecanismos subjacentes à bioacumulação se a concentração do metal for superior ao limite. Em contrapartida, a aplicação da biomassa morta como biossorvente, em vez de células microbianas vivas, elimina o condicionalismo da toxicidade dos metais pesados. Assim, o processo de biossorção é mais aplicável na prática em comparação com o processo de bioacumulação.

Seleção e tipo de biossorvente:- Microrganismos como bactérias, fungos, leveduras e algas dos seus habitats naturais são excelentes fontes de biossorvente (Deng e Wang, 2012). A deposição de iões de metais pesados, independente do metabolismo dos fungos e das leveduras, também ocorre nas paredes celulares dos fungos e das leveduras. No caso destes organismos, o processo de biossorção é geralmente rápido e a concentração substancial de metais pode ligar-se (Volesky, 2007; Qiaun *et al*, 2012). De facto, muitos produtos de biomassa de resíduos de fermentação industrial são excecionalmente melhores sorventes de metais. Entre esses produtos, os fungos e as leveduras têm mostrado resultados muito promissores (Sag e Kutsal, 2001 e Deng e Wang, 2012). Além disso, os fungos também podem ser cultivados através de processos de fermentação simples em meios de baixo custo, como melaço e soro de queijo (Tsezos *et al*, 1988). O sequestro de espécies metálicas pela biomassa fúngica deve-se em grande parte à parede celular, onde diferentes polissacáridos formam frequentemente complexos com proteínas, lípidos e pigmentos. Além disso, o fosfato e o ácido glucourónico e o complexo quitina-quitosano na parede celular ligam os metais pesados por troca iónica e coordenação (Mullen *et al*, 1989). No entanto, vários tipos de componentes ionizáveis influenciam a eficiência de absorção de metais da parede celular dos fungos, como os grupos fosfato e carboxilo no ácido urónico e nas proteínas, e os ligandos contendo azoto nas proteínas e quitinas ou quitosanos.

Mecanismos de biossorção:- A elucidação do mecanismo de absorção de metais é essencial para desenvolver tecnologias relacionadas com a recuperação de metais (Ting e Teo, 1994; Gadd, 2010). Em geral, a remoção ou recuperação de metais mediada por micróbios de locais/reservatórios contaminados pode envolver a seguinte via (Giller *et al*, 2009).

a)   Os metais podem ligar-se às superfícies celulares (biossorção), no interior da parede celular (bioacumulação) e, por sua vez, a absorção de metais é aumentada através da microprecipitação.

b)   Os iões metálicos podem ser ativamente translocados para o interior da célula através de proteínas de ligação a metais.

c)   A precipitação de metais pode ocorrer quando os metais pesados reagem com polímeros extracelulares ou com aniões (por exemplo, sulfureto ou fosfato) produzidos por micróbios.

d)   Volatilização de metais através da biotransformação mediada por enzimas.

Entre os mecanismos gerais de remoção de metais mediada por micróbios, o mecanismo de biossorção é muito complexo e, por conseguinte, não existe uma descrição completa do processo de biossorção. No entanto, não existe uma literatura extensa sobre o mecanismo e a modelação da biossorção para determinados metais e estirpes microbianas (Hughes e Poole, 1989). No entanto, os principais factores que controlam e caracterizam a biossorção são

Estes mecanismos são os seguintes:

a)   Tipo de ligandos biológicos acessíveis para a ligação de metais.

b)   Tipo de biossorvente (ou seja, vivo e não vivo).

c)   Caraterísticas químicas, estereoquímicas e de coordenação dos metais visados.

d)   Caraterísticas das soluções metálicas (por exemplo, pH e iões competidores). Com base no metabolismo celular, os mecanismos envolvidos na biossorção podem ser classificados como dependentes e independentes do metabolismo, enquanto são classificados como acumulação/precipitação extracelular, sorção à superfície celular e acumulação intracelular com base na localização das espécies de sorbato. Outros mecanismos de biossorção são o transporte através da membrana celular, a troca iónica e a complexação. Estes mecanismos de biossorção podem ocorrer em simultâneo.

Factores que afectam a biossorção

a)   A eficiência da biossorção não é afetada no intervalo de temperatura de 20-35° C.

b)   Os biossorventes podem ser considerados como materiais naturais de permuta iónica que contêm principalmente grupos fracamente ácidos e básicos. Em geral, a absorção de metais pesados pela maior parte dos tipos de biomassa diminui significativamente quando o pH da solução de metal é reduzido de pH 6,0 para 2,5. Caracteristicamente, a absorção de metais dependente do pH na parede celular de algas e fungos é atribuída a grupos carboxilo fracamente ácidos (valor pKa na gama 3,5-5,5). (Deng e Wang, 2012). O papel dos grupos amino quitina (R2-LH) e quitosana (R-NH2) nos fungos também foi examinado. Foi relatado que a troca iónica entre protões e metais nos grupos amino é caracterizada por uma dependência do pH semelhante à dos grupos carboxilo. No entanto, o pH a que a absorção de metais aumenta acentuadamente e atinge o nível máximo é geralmente mais elevado para os grupos amino do que para o grupo carboxilo.

c)   A concentração do biossorvente em solução afecta as absorções especificadas. Com uma concentração baixa de biossorvente, as absorções especificadas de metais aumentam porque um aumento na concentração de biossorvente leva a uma interferência entre os sítios de ligação. (Sag e Kutsal, 2001).

d)   Na prática, a biossorção é aplicada para tratar o sistema multi-metal em que estão presentes mais de um tipo de iões metálicos, pelo que a eliminação de um ião metálico é afetada por outro metal. Por exemplo, a absorção de cobalto por diferentes microrganismos é completamente inabitada na presença de urânio, chumbo, mercúrio e cobre (Redlich e Peterson, 1959).

e)   A afinidade do metal com o biossorvente pode ser manipulada através do pré-tratamento da biomassa com álcalis, ácidos, detergentes e calor, o que pode aumentar a quantidade de metal sorvido (Gourdon *et al,* 1990).

f)   A imobilização de células microbianas (por exemplo, alginato de bissódio) aumenta a capacidade de absorção de metais pesados (Gong *et al,* 1990).

Conclusão:- A biossorção está a ser demonstrada como uma alternativa útil aos sistemas convencionais para a remoção de metais pesados tóxicos do ambiente. Muitos investigadores estudaram o desempenho da biossorção de diferentes biossorventes microbianos, o que fornece argumentos decentes para a implementação de tecnologias de biossorção para a remoção de metais pesados de soluções e também para compreender o mecanismo responsável pela biossorção, consequentemente, através de esforços e investigação incessantes, sobretudo à escala real no processo piloto e de biossorção, espera-se que a situação mude num futuro próximo, com a tecnologia de biossorção a tornar-se mais benéfica do que as tecnologias físico-químicas atualmente utilizadas para a remoção de metais pesados.

Referências

Agência para o Registo de Substâncias Tóxicas e Doenças (ATSDR) (2003a). Toxicological profile for Arsenic Departamento de Saúde e Serviços Humanos dos EUA, Serviços Humanos de Saúde Pública, Centro de Controlo de Doenças Atlanta.

Agência para o Registo de Substâncias Tóxicas e Doenças (ATSDR) (2003b). Perfil toxicológico do mercúrio Departamento de Saúde e Serviços Humanos dos EUA, Serviços Humanos de Saúde Pública, Centro de Controlo de Doenças Atlanta.

Agência para o Registo de Substâncias Tóxicas e Doenças (ATSDR) (2008). Projeto de perfil toxicológico para o cádmio Departamento de Saúde e Serviços Humanos dos EUA, Serviços Humanos de Saúde Pública, Centro de Controlo de Doenças Atlanta.

Aktan, Y., Tan, S., Legen B (2013). Caracterização do isolado de rio resistente ao chumbo *Enterococcus faecalis* e avaliação da sua resistência a múltiplos metais e antibióticos. Environment Monitioring Assessment 185: 5285-5293.

Ahalya, N., Ramachandra, T.V e Kanamadi, R.D (2003). Biosorption of Heavy Metals Research Journal of Chemistry and Environment 7: 71-79.

Castro-Gonzalez, M.I e Mendez-Arment, M. (2008). Associação das Implicações dos Metais Pesados ao Consumo de Peixe. Toxicologia e Farmacologia Ambiental 26: 263-271.

Deng, X e Wang, P. (2012). Isolamento de Bactérias Marinhas Altamente Resistentes ao Mercúrio e seu Processo de Bioacumulação . Bioresource Technology 121: 342-347.

Draghici, C., Coman, G., Jelescu, C., Dima, C e Chirila, E. (2010).Heavy Metals Determination in Environmental and Biological Samples in Environmental Heavy Metal Pollution and Effects on Child Mental Development Risk Assessment and Preservation

Strategies, NATO Advanced Research Workshop, Sofia, Bulgária, 28 de abril - 1 de maio.

Franke, S., Grass, G., Rensing, C e Nies, D.H (2003). Análise molecular do sistema de efluxo de transporte de cobre Cus CFBA de Escherichia coli. J Bacteriol 185: 3804-3812.

Gadd, G.M (2010). Metais, Minerais e Micróbios. Geomicrobiologia e Biorremediação, Microbiologia 156: 609-643.

Giller, K.E., Witter, E e Mcgrath, S.P (2009). Heavy Metals and Soil Microbes (Metais pesados e micróbios do solo). Soil Biology and Biochemistry 41: 2031-2037.

Gourdon, R., Bhande, S., Rus, E e Sofer, S.S (1990). Comparision of Cadmium Biosorption by Gram Positive and Gram Negative Bacteria from Activated Sludge. Biotechnology Letters 12: 839-842.

Hughes, M.N e Poole, R.K (1989). Metals and Microorganisms, Chapman and Hall, London 328: 395.

Jomova, K e Valko, M (2010). Advances in Metal- Induced Oxidative Stress and Human Disease (Avanços no stress oxidativo induzido por metais e doenças humanas). Toxicologia 283: 65-87.

Quian, J., Li, D., Zhan, G., Zhang, L., Su, W e Gao, P (2012). Biodegradação simultânea de complexos de citrato de níquel e remoção de níquel da solução por *Pseudomonas alcaliphila,* Bioresource Technology 50: 113-117.

Redlich, O e Peterson, D.L (1959). A Useful Adsorption Isotherm, Journal of Physical Chemistry 63: 1024-1024.

Sag, Y e Kutsal, T (2001). Recent Trends in the Biosorption of Heavy Metals, Biotechnology and Bioprocess Engineering 6: 376-385.

Ting, Y.P e Teo, W.K (1994). Absorção de Cádmio e Zinco pelas Leveduras Efeitos do ião CoMetal e Tratamentos Físico-Químicos, Bioresource Technology 50: 113-117.

Tokar, E.J., Benbrahim-Talloa, L e Waalkes, M.P (2011). Os iões metálicos no desenvolvimento do cancro humano, Metal ions on Life Science 8: 357-401.

Tsezos, M., Noh, S.H e Baird, M.H.I. Baird (1988). Biotechnol, Bioeng 32: 545- 553.

Veglio, F e Beolcmi, F (1997). Removal of Metals by Biosorption, J Hydrometal 74: 301316.

Volesky, B (2007). Biosorption and Me, Water Research 41: 4017-4029.

Revisão -A apoptose e o seu papel no cancro

Padma Singh* e Shreyasri Dutta Kanya Gurukul Campus, Universidade
Gurukul Kangri Haridwar-249407
Departamento de Microbiologia, KGC (Gurukul Kangri University)
Correio eletrónico: drpadmasingh06 @gmail.com

RESUMO

A apoptose é um tipo especial de morte celular em que um certo número de eventos ocorre de forma sistemática e sequencial e que é governado pela própria célula. Por outro lado, também é chamada de morte celular programada ou morte suicida. A apoptose ou morte celular programada é uma forma fisiológica de morte celular que é importante para o desenvolvimento embriológico normal e para a renovação celular em organismos adultos. A compreensão da apoptose forneceu a base para novas terapias orientadas que podem induzir a morte de células cancerosas ou sensibilizá-las para agentes citotóxicos e radioterapia. O cancro é um crescimento celular descontrolado. Assim, ao induzir a apoptose, o crescimento celular descontrolado pode ser inibido. Existem vários genes de apoptose (caspase, bax, p53, etc.) que podem ser activados em determinadas circunstâncias e induzir a apoptose, bem como a inibição dos genes anti-apoptose, como o bcl-2 survivin, OLFM4, etc., para travar o crescimento celular. Vários agentes novos incluem os que visam as vias extrínsecas, como o recetor 1 do ligando indutor de apoptose relacionado com o fator de necrose tumoral, e os que visam a via intrínseca da família Bcl-2, como os olinucleótidos bcl-2 anti-sentido. Muitas vias e proteínas controlam a maquinaria da apoptose. Por conseguinte, é possível controlar o crescimento das células cancerosas através da regulação positiva da expressão dos genes pró-apoptóticos ou da regulação negativa da expressão dos genes antiapoptóticos. Atualmente, estão disponíveis vários agentes como a cisplatina, a doxorrubicina, a vincristina, etc., que podem inibir o crescimento celular. O crescimento das células cancerosas também pode ser inibido pela radioterapia. No entanto, em ambos os casos, ainda não existe uma especificidade. As provas acumuladas sugerem que a apoptose também pode ser desencadeada em tecidos sem uma elevada taxa de renovação celular, incluindo os do sistema nervoso central (SNC). De facto, a apoptose desempenha um papel crucial na perda neuronal retardada após o traumatismo e é necessário saber o que está a acontecer em todos os desenvolvimentos nesta área. Os aspectos individuais do controlo molecular da apoptose estão bem analisados, mas faltam revisões mais gerais e introdutórias recentes neste domínio.

PALAVRAS-CHAVE: Apoptose, morte celular programada, cancro, agentes quimioterapêuticos, sistema nervoso central.

INTRODUÇÃO

A palavra "apoptose" vem do grego antigo apoptosis, que significa a "queda das pétalas de uma flor" ou "das folhas de uma árvore no outono". É um processo de abandono deliberado da vida por uma célula num organismo multicelular. É um dos principais tipos de morte celular programada (PCD) e envolve uma série orquestrada de eventos bioquímicos que conduzem a uma morfologia e morte celular caraterísticas. Em termos mais específicos, uma série de acontecimentos bioquímicos que conduzem a uma variedade de alterações morfológicas, incluindo a formação de bolhas, alterações na membrana celular, tais como a perda de simetria e fixação da membrana, o encolhimento da célula, a fragmentação nuclear, a condensação da cromatina e a fragmentação do ADN cromossómico (Kerr, J.F.1965; Kerr, J.F. *et al.*,1972). O processo de apoptose é executado de forma a eliminar com segurança os cadáveres e os fragmentos celulares. A apoptose é executada num processo ordenado que geralmente confere vantagens durante o embrião humano, sendo necessário que as células entre os dedos iniciem a apoptose para que os dígitos se possam separar: Morte celular programada (PCD) e Necrose. A PCD foi classificada em dois tipos principais: (1) Apoptose (ou morte celular de tipo I), é uma forma particular de morte celular programada. (2) Morte celular autofágica (citoplasmática, ou Tipo II), caracterizada pela formação de grandes vacúolos que corroem os organelos numa sequência específica antes de o núcleo ser destruído. Uma vez que a apoptose foi introduzida como um termo que descreve uma morfologia específica de morte celular, não deve ser utilizada como sinónimo do termo "morte celular programada (PCD)", que ocorre normalmente através da apoptose. O termo PCD refere-se à morte celular programada por tempo e posição durante o desenvolvimento de um organismo. Como a apoptose geralmente não leva à inflamação, pode ser considerada como uma forma fisiológica de morte celular. A PCD, na maioria dos casos, segue a morfologia apoptótica. A apoptose desempenha um papel complementar mas oposto ao da mitose.

DESCOBERTA DA APOPTOSE

A morte celular é um processo completamente normal nos organismos vivos e foi descoberta pela primeira vez por cientistas há mais de 100 anos. O cientista alemão Carl Vogt foi o primeiro a descrever o princípio da apoptose em 1842. Em 1885, o anatomista Walther

Fleming apresentou uma descrição mais precisa do processo de morte celular programada. No entanto, só em 1965 é que o tema recebeu formalmente o seu nome. A apoptose foi distinguida da morte celular traumática por John Foxton Ross Kerr, enquanto este estudava tecidos utilizando microscopia eletrónica no Departamento de Patologia da Universidade de Queensland, em Brisbane (Kerr, J.F.1965). Kerr, Wylie e Currie atribuíram ao Professor James Cormack (Departamento de Grego, Universidade de Aberdeen) a sugestão do termo apoptose.

DIFERENÇA ENTRE APOPTOSE E NECROSE

A morte celular acidental ou necrose é caracterizada por um inchaço global das células e dos organelos, com subsequente perda precoce da integridade da membrana, seguida de lise das células e dos organelos. Ao contrário da apoptose, a necrose é acompanhada por uma forte resposta inflamatória in vivo. O ADN cromossómico também se degrada na necrose, mas a degradação não é específica e resulta no aparecimento de uma mancha de ADN quando analisado por eletroforese em gel de agarose. A necrose é produzida pela digestão enzimática de elementos celulares mortos, enquanto a apoptose é um processo vital que ajuda a eliminar células indesejadas, uma série de eventos intercelulares programados afectados por produtos genéticos específicos. Algumas das outras diferenças importantes são resumidas a seguir!

1. A apoptose é uma PCD dependente de energia, enquanto que na necrose as células morrem em resultado de danos causados por vários meios, tais como químicos, térmicos, radiação, etc,

2. A apoptose refere-se a uma célula, enquanto a necrose é um grupo de células.

3. A apoptose demora várias horas a iniciar-se, enquanto a necrose demora horas a dias.

4. Não há inflamação na apoptose mas há inflamação aguda na necrose.

5. As células mortas comidas pelos vizinhos na apoptose, por outro lado, as células mortas removidas por células ou macrófagos na necrose.

FUNÇÃO DA APOPTOSE

1. **TERMINAÇÃO DAS CÉLULAS:** A apoptose pode ocorrer quando uma célula é danificada de forma irreparável, infetada por um vírus ou submetida a condições de stress, como a fome. Os danos no ADN provocados por radiações ionizantes ou produtos químicos tóxicos podem também induzir a apoptose através da ação do gene supressor de tumores p5.

A "decisão" para a apoptose pode vir da própria célula, do tecido circundante ou de uma célula que faz parte do sistema imunitário. Nestes casos, a apoptose tem como função remover a célula danificada, impedindo-a de sugar mais nutrientes do organismo, ou impedir a propagação de uma infeção viral.

2. **HOMEOSTASIA:** No organismo adulto, o número de células é mantido relativamente constante através da morte e da divisão celular. As células têm de ser substituídas quando ficam doentes ou com mau funcionamento; mas a proliferação tem de ser compensada pela morte celular. Este processo de equilíbrio faz parte da homeostase exigida pelos organismos vivos para manterem os seus estados internos dentro de certos limites. Alguns cientistas sugeriram homodinâmica como um termo mais exato. O termo relacionado alostase reflecte um equilíbrio de natureza mais complexa do organismo. A homeostase é alcançada quando a taxa de mitose no tecido é equilibrada pela morte celular. Se este equilíbrio for perturbado, ocorre uma de duas perturbações potencialmente fatais: (1) As células estão a dividir-se mais rapidamente do que morrem, desenvolvendo efetivamente um tumor. (2) As células estão a dividir-se mais lentamente do que morrem, o que resulta num distúrbio de perda celular.

3. **DESENVOLVIMENTO:** A morte celular programada é uma parte integrante do desenvolvimento de tecidos vegetais e animais. O desenvolvimento de um órgão ou tecido é frequentemente precedido pela divisão e diferenciação extensivas de uma determinada célula, sendo a massa resultante "podada" para a forma correta por apoptose. Ao contrário da morte celular causada por lesões, a apoptose resulta no encolhimento e fragmentação das células. Isto permite uma fagocitose eficaz e a reutilização dos seus componentes sem libertar substâncias intracelulares potencialmente nocivas (como, por exemplo, enzimas hidrolíticas) nos tecidos circundantes.

4. **INTERACÇÕES ENTRE LINFÓCITOS:** O desenvolvimento de linfócitos P e o desenvolvimento de linfócitos T no corpo humano é um processo complexo que cria efetivamente um grande conjunto de células diversas para começar, e depois elimina as que são potencialmente prejudiciais para o corpo. A apoptose é o mecanismo pelo qual o organismo elimina as células imaturas ineficazes e as potencialmente prejudiciais e, nas

células T, é iniciada pela retirada dos sinais de sobrevivência (Werlen, G. *et al., 2003)*. As células T citotóxicas são capazes de induzir diretamente a apoptose nas células, abrindo poros na membrana do alvo e libertando substâncias químicas que passam a via apoptótica normal.

MECANISMOS DE APOPTOSE

Os mecanismos da apoptose são altamente complexos e sofisticados, envolvendo uma cascata de eventos moleculares dependentes de energia (Figura 1). Até à data, a investigação indica que existem duas vias apoptóticas principais: a via extrínseca ou dos receptores da morte e a via intrínseca ou mitocondrial. No entanto, existem atualmente provas de que as duas vias estão ligadas e que as moléculas de uma via podem influenciar a outra (Igney e Krammer, 2002). Existe uma via adicional que envolve a citotoxicidade mediada por células T e a morte da célula dependente de perforina - granzima. A via da perforina/granzima. A via da perforina/granzima pode induzir a apoptose através da granzima B ou da granzima A. As vias extrínseca, intrínseca e da granzima B convergem para o mesmo terminal, ou via de execução. Esta via é iniciada pela clivagem da caspase-3 e resulta na fragmentação do ADN, na degradação do citoesqueleto e das proteínas nucleares, na ligação cruzada de proteínas, na formação de corpos apoptóticos, na expressão de ligandos para receptores de células fagocíticas e, finalmente, na absorção pelas células fagocíticas. A via da granzima A ativa uma via de morte celular paralela, independente da capase, através de danos no ADN de cadeia simples (Martinvalet et al., 2005).

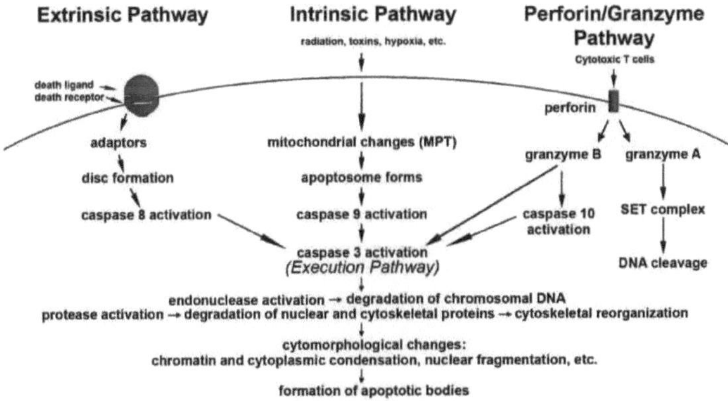

Figura 1: Mecanismos de apoptose.

Via extrínseca

As vias de sinalização extrínseca que iniciam a apoptose envolvem interações mediadas por receptores transmembranares. Estas envolvem receptores de morte que são membros da superfamília do gene do recetor do fator de necrose tumoral (TNF) (Locksley *et al.*, 2001). Os membros da família dos receptores de TNF partilham domínios extracelulares semelhantes, ricos em cisteína, e têm um domínio citoplasmático de cerca de 80 aminoácidos, denominado "domínio da morte" (Ashkenazi e Dixit, 1998), que desempenha um papel fundamental na transmissão do sinal de morte da superfície celular para as vias de sinalização intercelulares. Até à data, os ligandos mais bem caracterizados e os receptores de morte correspondentes incluem FasL/FasR, TNF-a / TNFR1, Apo3L/DR3, Apo2L/DR4 e Apo2L/DR5.

As sequências de eventos que definem a fase extrínseca da apoptose são mais bem caracterizadas com os modelos FasL/FasR e TNF -a /TNFR1, há agrupamento de receptores e ligação com o ligante trimérico homólogo. Após a ligação do ligando, são recrutadas proteínas adaptadoras citoplasmáticas que exibem domínios de morte correspondentes que se ligam aos receptores. A ligação do ligando Fas ao receptor Fas resulta na ligação da proteína adaptadora FADD e a ligação do ligando TNF ao recetor TNF resulta na ligação da proteína adaptadora TRADD com recrutamento de FADD e RIP. Neste momento, forma-se um complexo de sinalização indutor de morte (DISC), que resulta na ativação auto-catalítica da procaspase-8 (Kischkel *et al.*, 1995). A apoptose mediada por receptores de morte pode ser inibida por uma proteína denominada c-FLIP, que se liga à FADD e à caspase-8, tornando-as ineficazes (Kataoka *et al.*, 1998). Outro ponto de potencial regulação da apoptose envolve uma proteína chamada Toso, que demonstrou bloquear a apoptose induzida pelo Fas em células T através da inibição do processamento da caspase -8 (Hitoshi *et al.*, 1998).

Via intrínseca

As vias de sinalização intrínseca que iniciam a apoptose envolvem um conjunto diversificado de estímulos não mediados por receptores que produzem sinais intracelulares que actuam diretamente em alvos dentro da célula e são eventos iniciados pela mitocôndria. Os estímulos que iniciam a via intrínseca produzem sinais intracelulares que podem atuar de forma positiva ou negativa. Os sinais negativos envolvem a ausência de determinados factores de crescimento, hormonas e citocinas que podem levar à falha da supressão dos programas de morte, desencadeando assim a apoptose. Por outras palavras, há a retirada de factores, a perda da supressão apoptótica e a subsequente ativação da apoptose. Outros estímulos que actuam de forma positiva incluem, mas não se limitam a, radiação, toxinas, hipertermia, infecções virais e radicais livres. Todos estes estímulos provocam alterações na membrana mitocondrial interna que resultam na abertura do poro de transição da permeabilidade mitocondrial (MPT), na perda do potencial transmembranar mitocondrial e na libertação de dois grupos principais de proteínas pró-apoptóticas normalmente sequestradas do espaço intermembranar para o citosol (Saelens *et al.*, 2004). Estas proteínas activam a via mitocondrial dependente da caspase. O citocromo c liga-se e ativa a Apaf- 1 e a procaspase-9, formando um "apoptossoma" (Hill *et al.*, 2004). O agrupamento da procaspase-9 desta forma leva à ativação da caspase-9. A Smac/DIABLO e a HtrA2/Omi promovem a apoptose através da inibição da atividade das IAP (proteínas inibidoras da apoptose). Foram também identificadas outras proteínas mitocondriais que interagem com as IAP e suprimem a sua ação. No entanto, as experiências de nocaute genético sugerem que a ligação às IAP, por si só, pode não ser suficiente para classificar uma proteína mitocondrial como "pró-apoptótica" (Ekert e Vaux , 2005). O segundo grupo de proteínas pró-apoptóticas, AIF, endonuclease G e CAD, é libertado da mitocôndria durante a apoptose, mas trata-se de um evento tardio que ocorre depois de a célula se ter comprometido a morrer. A AIF transloca-se para o núcleo e provoca a fragmentação do ADN em pedaços de 50-300kb e a condensação da cromatina nuclear periférica. Esta forma precoce de condensação nuclear é designada por condensação "estádio I" (Susin *et al.*, 2000). A endonuclease G também se transloca para o núcleo, onde cliva a cromatina nuclear para produzir fragmentos de ADN oligonucleossómico (Li *et al.*, 2001). O AIF e a endonuclease G funcionam de forma independente da caspase. A CAD é subsequentemente libertada da mitocôndria e transloca-se para o núcleo onde, após clivagem pela caspase 3, conduz à fragmentação do ADN oligonucleossómico e a uma condensação mais pronunciada e avançada da cromatina. Esta condensação mais tardia e mais pronunciada da cromatina é designada por condensação "estádio II" (Susin *et al.*,2000).

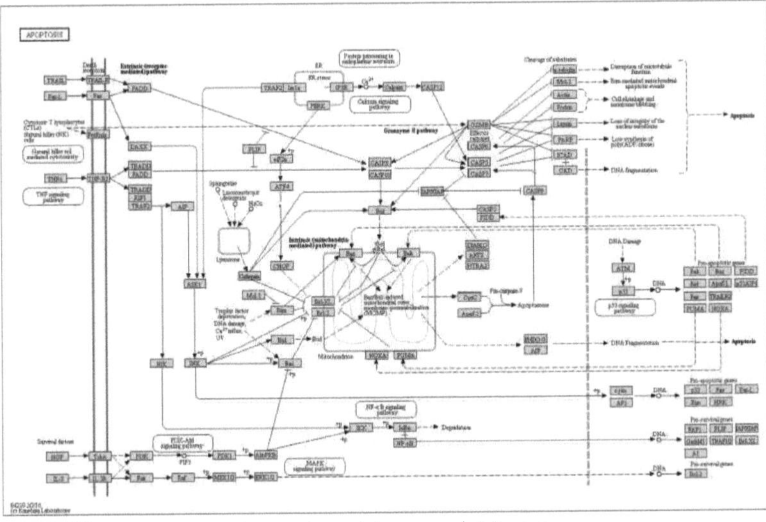

Figura 2: Diagrama que mostra as vias extrínsecas e intrínsecas.

O controlo e a regulação destes eventos mitocondriais apoptóticos ocorrem através de membros da família de proteínas Bcl- 2. A proteína supressora de tumor p53 tem um papel crítico na regulação da família de proteínas Bcl-2; no entanto, os mecanismos exactos ainda não foram completamente elucidados. A família de proteínas Bcl-2 regula a permeabilidade da membrana mitocondrial e pode ser pró-apoptótica ou anti-apoptótica. Até à data, foram identificados 25 genes da família Bcl-2. Algumas das proteínas anti-apoptóticas incluem Bcl-2, Bcl-x, Bcl-XL, Bcl-XS, Bcl-w, BAG, e algumas das proteínas pró-apoptóticas incluem Bcl-10, Bax, Bak, Bid, Bad, Bim, Bik e Bik. Estas proteínas têm um significado especial, uma vez que podem determinar se a célula entra em apoptose ou aborta o processo. Pensa-se que o principal mecanismo de ação da família de proteínas Bcl-2 é a regulação da libertação do citocromo c da mitocôndria através da alteração da permeabilidade da membrana mitocondrial. Foram estudados alguns mecanismos possíveis, mas nenhum foi provado de forma definitiva. A lesão mitocondrial na via Fas da apoptose é mediada pela clivagem de Bad pela caspase-8 (Li *et al.*, 1998). Este é um exemplo do "cross-talk" entre a via do recetor de morte (extrínseca) e a via mitocondrial (intrínseca). A fosforilação em serina da Bad está associada ao 14-3-3, um membro de uma família de moléculas multifuncionais de ligação à fosfoserina. Quando a Bad é fosforilada, fica retida pela 14-3-3 e sequestrada no citosol, mas quando deixa de ser fosforilada, transloca-se para a mitocôndria para libertar o citocromo C. A Bad também pode heterodimerizar-se com a Bcl-XI ou a Bcl-2, neutralizando o seu efeito protetor e promovendo a morte celular. Quando não sequestrados por Bad, tanto Bcl-2 como Bcl-XI inibem a libertação de citocromo C das mitocôndrias, embora o mecanismo não seja bem compreendido. Os relatórios indicam que o Bcl-2 e o Bcl-XL inibem a morte apoptótica principalmente através do controlo da ativação das proteases caspase. Uma proteína adicional designada "Aven" parece ligar-se tanto ao Bcl-XI como à Apaf-1, impedindo assim a ativação da procaspase-9 (Chau *et al.*, 2000). Há provas de que a expressão excessiva de Bcl-2 ou de Bcl-XI reduz a regulação da outra, o que indica uma regulação recíproca entre estas duas proteínas. Puma e Noxa são dois membros da família Bcl-2 que também estão envolvidos na proapoptose. Puma desempenha um papel importante na apoptose mediada por p53. Foi demonstrado que, in vitro, a sobreexpressão de Puma é acompanhada por um aumento da expressão de BAX, por uma alteração conformacional de BAX e pela translocação para a mitocôndria, pela libertação de citocromo c e pela redução do potencial da membrana mitocondrial. Noxa é também um candidato a mediador da apoptose induzida por p53. Estudos mostram que esta proteína pode localizar-se na mitocôndria e interagir com membros anti-apoptóticos da família Bcl-2, resultando na ativação da caspase-9. Uma vez que tanto a

Puma como a Noxa são induzidas pela p53, podem mediar a apoptose provocada por danos genotóxicos ou pela ativação de oncogenes. Foi também referido que a oncoproteína Myc potencia a apoptose através de mecanismos dependentes e independentes da p53 (Meyer *et al.*, 2006). Uma maior elucidação destas vias deverá ter implicações importantes na tumorigénese e na terapêutica.

Via da perforina/granzima

A citotoxicidade mediada por células T é uma variante da hipersensibilidade de tipo IV em que as células CD8+ sensibilizadas matam as células portadoras de antigénio. Estes linfócitos T citotóxicos (CTL) são capazes de matar as células alvo através da via extrínseca e a interação FasL/FasR é o método predominante de apoptose induzida pelos CTL. No entanto, também são capazes de exercer os seus efeitos citotóxicos nas células tumorais e nas células infectadas por vírus através de uma nova via que envolve a secreção de moléculas formadoras de poros transmembranares, a perforina, com a subsequente libertação exofítica de grânulos citoplasmáticos através do poro e para a célula-alvo. As serino-proteases granzyme A e granzyme B são os componentes mais importantes dos grânulos. A granzima B cliva as proteínas nos resíduos de aspartato e, por conseguinte, ativa a procaspase-10 e pode clivar factores como o ICAD (inibidor da DNAse activada por caspase). Também foi demonstrado que a granzima B pode utilizar a via mitocondrial para amplificar o sinal de morte através da clivagem específica de Bid e da indução da libertação de citocromo c. No entanto, a granzima B também pode ativar diretamente a caspase-3. Deste modo, as vias de sinalização a montante são contornadas e há uma indução direta da fase de execução da apoptose. Sugere-se que tanto a via mitocondrial como a ativação direta da caspase - 3 são fundamentais para a morte induzida pela granzima B (Goping *et al.*, 2003). Descobertas recentes indicam que este método de citotoxicidade da granzima B é fundamental como mecanismo de controlo da expansão das células T auxiliares de tipo 2 (Th2) (Devadas *et al.*, 2006). Além disso, os resultados indicam que nem o recetor de morte nem as caspases estão envolvidos na apoptose induzida pelo recetor de células T das células Th2 activadas, uma vez que o bloqueio dos seus ligandos não tem qualquer efeito sobre a apoptose. Por outro lado, a interação entre o ligando Fas e o Fas, as proteínas adaptadoras com domínios de morte e as caspases estão todas envolvidas na apoptose e na regulação das células auxiliares citotóxicas Type1, ao passo que a granzima B não tem qualquer efeito.

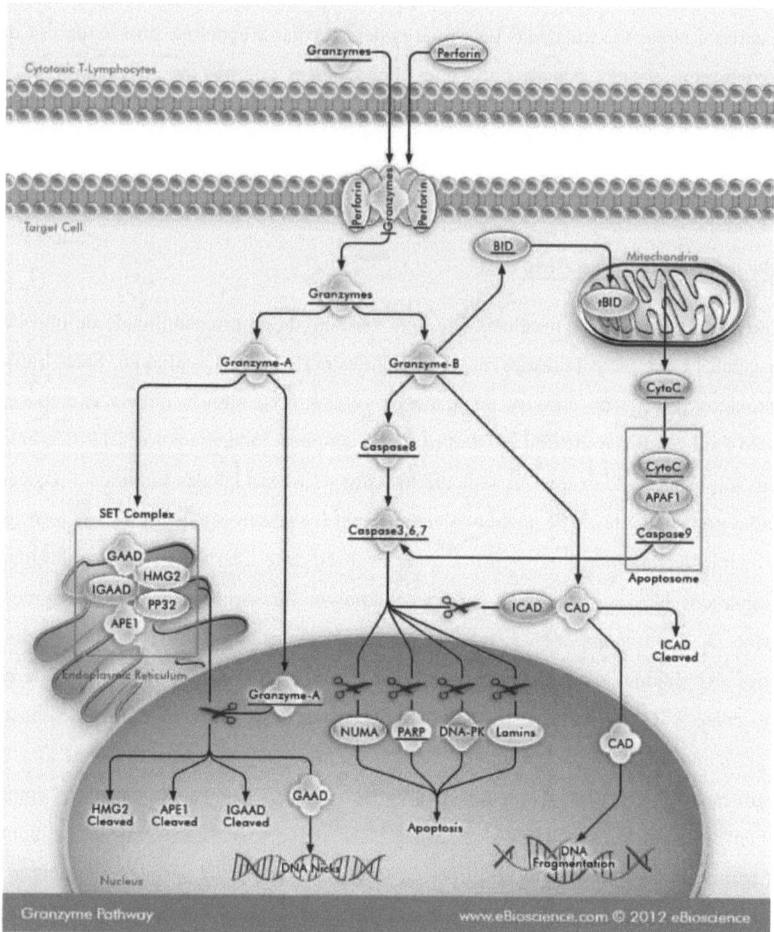

Figura 3: Diagrama da via da perforina/granzima.

A granzima A é também importante na apoptose induzida pelas células T citotóxicas e ativa as vias independentes da caspase. Uma vez na célula, a granzima A ativa o nicking do ADN através da DNAse NM23-H1, um produto do gene supressor de tumores (Fan *et al.,* 2003). Esta DNAse tem um papel importante na vigilância imunitária para prevenir o cancro através da indução da apoptose das células tumorais. A proteína de montagem do nucleossoma SET inibe normalmente o gene NM23-H1. A protease Granzyme A cliva o complexo SET, libertando assim a inibição do NM23-H1, o que resulta na degradação apoptótica do ADN. Para além de inibir o NM23-H1, o complexo SET tem funções importantes na estrutura da cromatina e na reparação do ADN. As proteínas que compõem este complexo (SET, Ape1, pp32 e HMG2) parecem trabalhar em conjunto para proteger a cromatina e a estrutura do ADN (Fan, 2003). Por conseguinte, é muito provável que a inativação deste complexo pela granzima A também contribua para a apoptose, bloqueando a manutenção da integridade da estrutura do ADN e da cromatina.

Via de execução

As vias extrínseca e intrínseca terminam ambas no ponto da fase de execução, considerada a via final da apoptose. É a ativação das caspases de execução que inicia esta fase da apoptose. As caspases de execução activam a endonuclease citoplasmática, que degrada o material nuclear, e proteases que degradam as proteínas nucleares e do citoesqueleto. A caspase - 3, a caspase - 6 e a caspase - 7 funcionam como caspases efectoras ou "executoras", clivando vários substratos, incluindo citoqueratinas, PARP, a proteína do citoesqueleto da membrana plasmática alfa fordina, a proteína nuclear NuMA e outras, que acabam por causar as alterações morfológicas e bioquímicas observadas nas células apoptóticas (Slee *et al.*, 2001). A caspase - 3 é considerada a mais importante das caspases executoras e é activada por qualquer uma das caspases iniciadoras (caspase - 8, caspase - 9 ou caspase - 10). A caspase - 3 ativa especificamente a endonuclease CAD. Nas células em proliferação, a CAD é complexada com o seu inibidor, ICAD. Nas células apoptóticas, a caspase - 3 activada cliva a ICAD para libertar a CAD. A CAD degrada então o ADN cromossómico no núcleo e provoca a condensação da cromatina. A caspase - 3 também induz a reorganização do citoesqueleto e a desintegração da célula em corpos apoptóticos. A gelsolina, uma proteína de ligação à actina, foi identificada como um dos principais substratos da caspase-3 activada. A gelsolina actua normalmente como um núcleo para a polimerização da actina e liga-se também ao fosfatidilinositol bifosfato, ligando a organização da actina à transdução de sinais. A caspase - 3 cliva a gelsolina e os fragmentos clivados da gelsolina, por sua vez, clivam os filamentos de actina de uma forma independente do cálcio. O resultado é a perturbação do citoesqueleto, do transporte intracelular, da divisão celular e da transdução de sinais. A absorção fagocítica de células apoptóticas é o último componente da apoptose. A assimetria de fosfolípidos e a exteriorização de fosfatidilserina na superfície das células apoptóticas e dos seus fragmentos é a caraterística desta fase. Embora o mecanismo de translocação da fosfatidilserina para o folheto exterior da célula durante a apoptose não seja bem compreendido, tem sido associado à perda de atividade da translocase de aminofosfolípidos e à inversão inespecífica de fosfolípidos de várias classes (Bratton *et al*, 1997). A investigação indica que a Fas, a caspase-8 e a caspase-3 estão envolvidas na regulação da externalização da fosfatidilserina em eritrócitos sujeitos a stress oxidativo; no entanto, a exposição da fosfatidilserina independente da caspase ocorre durante a apoptose de linfócitos T primários. O aparecimento de fosfatidilserina no folheto exterior das células apoptóticas facilita então o reconhecimento fagocítico não inflamatório, permitindo a sua absorção e eliminação precoces (Fadok *et al.*, 2001). Este processo de absorção precoce e eficiente, sem libertação de constituintes celulares, resulta essencialmente numa resposta inflamatória nula.

APOPTOSE E CANCRO

Na última década, a investigação fundamental sobre o cancro produziu avanços notáveis na nossa compreensão da biologia e da genética do cancro. Entre os mais importantes destes avanços está a constatação de que a apoptose e os genes que a controlam têm um efeito profundo no fenótipo maligno. Por exemplo, é agora claro que alguns oncogénicos perturbam a apoptose, levando à iniciação, progressão ou metástase do tumor. Por outro lado, provas irrefutáveis indicam que outras alterações oncogénicas promovem a apoptose, produzindo assim uma pressão selectiva para anular a apoptose durante a carcinogénese em várias fases. Finalmente, está agora documentado que a maioria dos agentes anticancerígenos citotóxicos induzem a apoptose, levantando a possibilidade intrigante de que defeitos nos programas de apoptose contribuam para o insucesso do tratamento. Uma vez que as mesmas mutações que suprimem a apoptose durante o desenvolvimento do tumor também reduzem a sensibilidade ao tratamento, a apoptose fornece um quadro concetual para ligar a genética do cancro ao cancro. Um intenso esforço de investigação está a desvendar os mecanismos subjacentes à apoptose, de tal forma que, na próxima década, se prevê que esta informação produza novas estratégias para explorar a apoptose para benefício terapêutico. Num espaço de tempo relativamente curto, mais de 40 empresas terapêuticas adoptaram a via da morte celular como um alvo importante para matar as células cancerígenas. Algumas já têm medicamentos candidatos em ensaios clínicos, mas a grande maioria ainda se encontra numa fase muito inicial de desenvolvimento e ainda não apresentou qualquer informação adicional que permita compreender melhor o que o futuro nos reserva e em que tipo de investigação a indústria farmacêutica está interessada.

PAPEL DA APOPTOSE NO CANCRO DA MAMA

O cancro da mama é a neoplasia maligna mais comum nas mulheres e representa 18% de todos os cancros nas mulheres. A investigação atual centra-se numa melhor compreensão da resposta e da resistência ao tratamento, incluindo o papel da apoptose. A acessibilidade do tumor primário torna o cancro da mama particularmente adequado para esses estudos. Temos de analisar a apoptose no cancro da mama pela seguinte razão

a) A apoptose desempenha um papel fundamental no desenvolvimento da mama normal.

b) As taxas de apoptose estão relacionadas com o grau do tumor, e os tumores mais agressivos têm taxas mais elevadas de apoptose e proliferação.

c) A apoptose é induzida por quimioterapia, tratamento endócrino e radioterapia; quando estes tratamentos falham, a desregulação da apoptose pode ser o resultado.

d) Os genes e as proteínas que controlam a apoptose podem tornar-se alvos de manipulação para aumentar a morte das células cancerígenas.

e) O cancro da mama tratado com regimes neoadjuvantes (quimioterapia ou tratamento endócrino antes da cirurgia) permite um acesso imediato aos tumores antes e durante o tratamento, possibilitando o estudo das alterações da apoptose durante o tratamento e a sua correlação com a resposta.

PAPEL DA APOPTOSE NO CANCRO GÁSTRICO

O cancro gástrico é uma das neoplasias mais frequentes e uma das principais causas de morte em todo o mundo. Nos últimos anos, estudos epidemiológicos e em animais demonstraram uma ligação entre o cancro gástrico e a infeção crónica por *H. pylori*. O mecanismo exato responsável pelo desenvolvimento do cancro gástrico em doentes infectados com *H. pylori* ainda não é claro. Existem provas de que a regulação positiva de determinados factores de crescimento pode desempenhar um papel importante na promoção da carcinogénese gástrica. A seropositividade global da *H. pylori* entre os doentes com cancro gástrico foi de cerca de 72% e foi significativamente mais elevada do que no controlo (56%). A prevalência de estirpes CagA-positivas foi também significativamente mais elevada entre os doentes com cancro gástrico do que no controlo (56% vs. 32%). Conclui-se que os doentes infectados com *H. pylori,* especialmente com estirpes CagA-positivas, correm um risco mais elevado de desenvolver um cancro gástrico. Um aumento da produção e da libertação de gastrina, bem como uma expressão excessiva de factores de crescimento como o HGF e o TGF a podem contribuir para a carcinogénese gástrica. Para além disso, observa-se experimentalmente uma desregulação da proteína Bax/Bcl-2 mutada nos carcinomas do pulmão (Soung, Y. *et al.*, 2006).

PAPEL DA APOPTOSE NO CANCRO DO PULMÃO

Apesar dos recentes progressos no tratamento cirúrgico, radiológico e quimioterapêutico do cancro, o cancro do pulmão continua a ser o que mais mata por cancro (27%) na Califórnia. Tanto o cancro da próstata como o cancro da mama são ligeiramente mais comuns, mas o cancro do pulmão mata cerca de quatro vezes mais vítimas do que o cancro da próstata e três vezes mais do que o cancro da mama. O consumo e a exposição ao tabaco são a principal causa do cancro do pulmão, e cada vez mais mulheres e jovens fumam cigarros, correndo assim um risco acrescido. Por conseguinte, há uma necessidade urgente de métodos mais eficazes para prevenir o cancro do pulmão. Estudos recentes indicam que a indução da apoptose pode contribuir para a prevenção do cancro. Verificou-se que um retinoide, o ácido 6-[adamntyl-4 hydro - xyphenty)]-2 naphathle - necarboxylic (abreviado AHPN), inibe o crescimento das células pulmonares e induz a apoptose das células do cancro do pulmão. O estudo experimental indica que o AHPN exerce a sua atividade anticancerígena sem interagir com os receptores retinóides, o que é vantajoso porque os efeitos tóxicos são menos susceptíveis de causar efeitos secundários. Além disso, o AHPN é muito mais eficaz (20 a 100 vezes) do que outros retinóides, incluindo o ácido trans-retinóico retinoide natural, na inibição do crescimento de células cancerosas do pulmão em cultura.

PAPEL DA APOPTOSE NO CANCRO DA PRÓSTATA

O diagnóstico precoce do cancro da próstata é extremamente promissor para uma terapia eficaz e para o impacto na sobrevivência dos doentes com cancro da próstata. A neoplasia intra-epitelial prostática de alto grau (HGPIN) é geralmente aceite como uma lesão indicativa de um evento patológico tardio nas alterações pré-malignas que conduzem ao desenvolvimento completo do cancro da próstata. Esta revisão procura identificar eventos moleculares específicos que possam estar diretamente ligados à transição molecular das células epiteliais benignas da próstata para o carcinoma da próstata. A HGPIN é detectada patologicamente num grupo limitado de homens submetidos a rastreio do cancro da próstata devido a um antigénio específico da próstata (PSA) sérico elevado ou a um exame rectal digital (DRE) anormal. A perda do controlo apoptótico fornece uma base molecular para a contribuição de etapas defeituosas específicas na via para o desenvolvimento e progressão do cancro da próstata. A dissecação comparativa do estado da apoptose e do perfil de expressão dos principais reguladores da apoptose entre focos de epitélio prostático benigno altamente proliferativo, PIN e adenocarcinoma da próstata de áreas adjacentes da mesma glândula revelou uma nova perspetiva sobre os eventos de apoptose disfuncionais que contribuem para a carcinogénese da próstata. A perda sequencial e notável dos três componentes críticos de sinalização da ação apoptótica dos factores de crescimento transformadores beta (TGF-beta), na próstata, ou seja, o recetor transmembranar II (TbetaII), o inibidor chave do ciclo celular p27 (Kipl), como os protagonistas a jusante do mecanismo de sinalização TGF-beta, Smad 4, aponta para o seu valor potencial para caraterizar "fielmente" a HGPIN, como uma lesão prémaligna da próstata. Acredita-se que o gene bcl-2 seja importante no cancro da próstata, no linfoma, no cancro da mama, do pulmão e do cólon; já foram patenteados fármacos que visam o bcl-2 para interromper as suas funções promotoras do cancro.

RESUMO

Até à data, a investigação demonstrou que a apoptose é uma forma filogeneticamente conservada de morte celular que é regulada de forma intrincada e precisa no interior da célula por produtos genéticos. O mau funcionamento de qualquer aspeto desta maquinaria de morte pode resultar direta ou indiretamente em várias doenças. Qualquer combinação dos seguintes aspectos da apoptose pode conduzir a uma doença proliferativa ou degenerativa: a incidência da apoptose é inadequada ou excessiva, o momento inadequado da apoptose e, por conseguinte, um ganho líquido de células devido a uma proliferação desordenada. Por outro lado, as próprias células cancerosas podem escapar à vigilância imunitária, desencadeando a apoptose das células imunitárias que as patrulham. Uma maior compreensão dos defeitos genéticos moleculares e da regulação das complexas vias de sinalização nos tumores, especialmente a regulação da apoptose, pode resultar em estratégias anticancerígenas concebidas de forma racional. O conhecimento atual das vias intrínseca e extrínseca da apoptose e de outros moduladores da sinalização, como o p53, o sistema proteossoma/ubiquitina, o NFB e as vias P13K/Akt, levou à descoberta de muitos agentes novos que estão a mostrar eficácia, quer como agentes únicos, quer em combinação com a terapia citotóxica convencional ou a radiação. A apoptose é uma forma ubíqua de morte celular, tanto em condições fisiológicas como patológicas. Durante as últimas décadas, registaram-se grandes avanços na nossa compreensão dos mecanismos fundamentais do programa de morte apoptótica, especialmente a função de três famílias de proteínas, incluindo as caspases, Bcl-2 e IAPs (proteínas inibidoras da apoptose). As caspases são proeminentes entre elas devido ao seu papel executivo na anulação das vias de sobrevivência e na ativação de processos a jusante que são responsáveis pelo desmantelamento das células, embora a ação de outras proteases não caspases também tenha uma ação semelhante. A ideia de que a doença pode resultar da desregulação de mecanismos activos de suicídio celular, como a apoptose, representa um novo paradigma na medicina. No entanto, continua por determinar se a apoptose pode causar uma doença, em vez de ser o resultado dos mecanismos subjacentes. A ação das caspases pode muito bem afetar a função celular sem afetar os intrincados mecanismos reguladores das vias apoptóticas em condições normais e o papel da apoptose nas doenças neurodegenerativas.

CONCLUSÃO

Uma melhor compreensão das diferentes vias de sinalização que controlam a apoptose nos diferentes tipos de tumores pode ajudar na descoberta de novos agentes específicos e na conceção de ensaios clínicos baseados nos defeitos moleculares específicos do tumor visado. Durante as últimas décadas, a investigação sobre os mecanismos da apoptose registou enormes progressos. Existe um grande número de artigos sobre o tema e, como o campo se expandiu enormemente, é difícil encontrar qualquer tipo de conclusão exacta. Foi feita uma breve introdução à apoptose, ao seu mecanismo e à sua relação com o cancro, o que pode ser suficiente para a necessidade de conceitos básicos. Apesar de muitos pormenores terem sido descritos de forma intratável durante os últimos anos, existe ainda uma infinidade de questões em aberto que permitirão a muitos investigadores viver momentos emocionantes nos seus laboratórios. Em suma, a investigação sobre a caraterização exaustiva da interação entre IAPs, caspases e IAP e antagonista na apoptose é tão importante e indispensável que proporcionará o apoio teórico necessário na terapia anticancerígena. A radioterapia ou a quimioterapia podem inibir ou matar as células cancerosas juntamente com as células normais. Uma vez que os agentes químicos acima descritos e a radiação não são capazes de induzir a apoptose de forma selectiva nas células cancerosas, provocando a morte das células normais. Por conseguinte, se for possível induzir a apoptose sobretudo nas células cancerosas e não nas células normais, utilizando agentes quimioterapêuticos ou radiações, será mais proveitoso para o tratamento da doença oncológica.

REFERÊNCIAS

Ashkenazi A, Dixit VM *(1998) Death receptors: signaling and modulation. Science 281:1305-8.*

Bratton DL, Fadok VA, Richter DA, Kailey JM, Guthrie LA, Henson PM *(1997) O aparecimento de fosfatidilserina nas células apoptóticas requer um flip-flop não específico mediado pelo cálcio e é reforçado pela perda da translocase de aminofosfolípidos. J Biol Chem 272:26159-65.*

Chau BN, Cheng EH, Kerr DA, Hardwick JM *(2000) Aven, um novo inibidor da ativação da caspase, liga Bcl-xL e Apaf-1. Mol Cell 6:31 -40.*

Daugas E, Ravagnan L, Samejima K, Zamzami N, Loeffler M, Costantini P, Ferri KF, Irinopoulou T, Prevost MC, Brothers G, Mak TW, Penninger J, Earnshaw WC, Kroemer G *(2000) Two distinct pathways leading to nuclear apoptosis. J Exp Med 192: 571 -80.*

Devadas S, Das J, Liu C, Zhang L, Roberts AI, Pan Z, Moore PA, Das G, Shi Y *(2006) Granzyme B is critical for T cell recetor -induced cell death of type 2 helper T cells. Immunity 25:237-47.*

Ekert PG, Vaux DL *(2005) The mitochondrial death squad: hardened killers or innocent bystanders? Curr Opin Cell Biol 17:626-30.*

Fadok VA, de Cathelineau A, Daleke DL, Henson PM, Bratton DL *(2001) A perda de assimetria fosfolipídica e a exposição superficial da fosfatidilserina são necessárias para a fagocitose de células apoptóticas por macrófagos e fibroblastos. J Biol Chem 276:1071 -7.*

Fan Z, Beresford PJ, Oh DY, Zhang D, Lieberman J *(2003) O supressor de tumores NM23-H1 é uma DNase activada pela granzima A durante a apoptose mediada por CTL e a proteína SET de montagem do nucleossoma é o seu inibidor. Célula 112: 659-72.*

Goping IS, Barry M, Liston P, Sawchuk T, Constantinescu G, Michalak KM, Shostak I, Roberts DL, Hunter AM, Korneluk R, Bleackley RC *(2003) A apoptose induzida pela granzima B requer a ativação direta da caspase e o alívio da inibição da caspase. Immunity 18:355-65.*

Hill MM, Adrain C, Duriez PJ, Creagh EM, Martin SJ *(2004) Análise da composição, cinética de montagem e atividade dos apoptossomas Apaf-1 nativos. Embo J 23:2134-45.*

Hitoshi Y, Lorens J, Kitada SI, Fisher J, LaBarge M, Ring HZ, Francke U, Reed JC, Kinoshita S, Nolan GP *(1998) Toso, uma superfície celular, regulador específico da apoptose induzida por Fas em células T. Immunity 8:461-71.*

Igney FH, Krammer PH *(2002) Death and anti-death: tumor resistance to apoptosis (Morte e anti-morte: resistência dos tumores à apoptose). Nat Rev Cancer 2: 277 - 88.*

Kataoka T, Schroter M, Hahne M, Schneiter P, Irmler M, Thome M, Froelich CJ, Tschopp J *(1998) FLIP previne a apoptose induzida por receptores de morte, mas não por perforina/granzima B, fármacos quimioterapêuticos e irradiação gama. J Immunol 161:3936-42.*

Kerr JF *(1965) "A histochemical study of hypertrophy and ischaemic injury of rat liver with special reference to changes in lysosomes ". J of Pathol and Bacteriol. 90(90): 419-435.*

Kerr JF, Wyllie AH e Currie AR *(1972) "Apoptose: um fenómeno biológico básico com implicações abrangentes na cinética dos tecidos". Brit J of Can. 26:239-257.*

Kischkel FC, Hellbardt S, Behrmann I, Germer M, Pawlita M, Krammer PH, Peter ME *(1995) As proteínas associadas à APO-1 (Fas/CD95) dependentes da citotoxicidade formam um complexo de sinalização indutor de morte (DISC) com o recetor. Embo J 14:5579 -88.*

Li H, Zhu H, Xu CJ, Yuan J *(1998) A clivagem da BID pela caspase-8 medeia os danos mitocondriais na via Fas da apoptose. Célula 94:491 -501.*

Li LY, Luo X, Wang X *(2001) A endonuclease G é uma DNase apoptótica quando libertada das mitocôndrias. Nature 412:95-9.*

Locksley RM, Killeen N, Lenardo MJ *(2001) The TNF and TNF recetor superfamilies: integrating mammalian biology. Célula 104:487-501.*

Martinvalet D, Zhu P, Lieberman J (2005) *Granzyme A induces caspase-independent mitochondrial damage , a required first step for apoptosis. Immunity 22:355-70.*

Meyer N, Kim SS, Penn LZ *(2006) The Oscar -worthy role of Myc in apoptosis. Semin Cancer Biol 16:275-87.*

Saelens X, Festjens N, Vande Walle L, Van Gurp M, Van Loo G, Vandenabeele P *(2004) Toxic proteins released from mitochondria in cell death. Oncogene 23:2861 -74.*

Slee EA, Adrain C, Martin SJ *(2001) As caspases-3, -6 e -7 executoras desempenham papéis distintos e não redundantes durante a fase de demolição da apoptose. J BiolChem 276:7320-6.*

Soung YH, Lee JW, Kim SY, Park WS, Nam SW e Lee JY *(2006) APMIS 232:447-453.*

Susin SA, Daugas E, Ravagnan L, Samejima K, Zamzami N, Loeffler M, Costantini P, Ferri KF, Irinopoulou T, Prevost MC. *et al (2000) Two distinct pathways leading to nuclear apoptosis. J Exp Med 192:571 -579.*

Werlen G, *et al (2003) "Signaling life and death in the thymus: timing is everything". Science 299(5614):1859-1863.*

ENZIMAS FIBRINOLÍTICAS BACTERIANAS - UMA URGÊNCIA EXTREMA

Padma Singh* e Rekha Negi

Department of Microbiology, Kanya Gurukul Campus Gurukul Kangri University, Haridwar- 249407 Autor correspondente e-mail id: drpadmasingh06@gmail.com

RESUMO

No cenário atual, as enzimas desempenham o papel de ingredientes activos em várias aplicações nos domínios dos alimentos, detergentes, medicamentos, etc. Uma vez que as enzimas superam as dificuldades dos métodos convencionais na decomposição de matérias complexas. As enzimas fibrinolíticas (**Nattokinase, Streptokinase**) têm aplicações no domínio médico. A atividade fibrinolítica da nattoquinase e da estreptoquinase fez dela o medicamento que salva vidas. Embora esta enzima (nattokinase) tenha sido utilizada com segurança no Japão durante mais de 20 anos, foi comunicado que a nattokinase tinha uma atividade fibrinolítica potente, que podia ser reforçada e prolongada no plasma quando tomada por via oral. Pensa-se que a nattokinase é útil para dissolver coágulos sanguíneos anormais. Os coágulos sanguíneos anormais podem causar ataques cardíacos e acidentes vasculares cerebrais, bem como doenças como flebite, embolia pulmonar ou trombose venosa profunda. A estreptoquinase foi o primeiro medicamento trombolítico a ser introduzido no tratamento do enfarte agudo do miocárdio. Sendo um dos principais agentes fibrinolíticos e encontrando a sua utilização no tratamento de condições tromboembólicas, a estreptoquinase foi agora incluída na Lista Modelo de Medicamentos Essenciais da Organização Mundial de Saúde (OMS). As enzimas fibrinolíticas, como a Nattoquinase, a Estreptoquinase e a Uroquinase, utilizadas como agentes trombolíticos, mas demasiado dispendiosas e também utilizadas através de instilação intravenosa, necessitam de ser produzidas em grande escala através de métodos alternativos e de elevada pureza.

PALAVRAS-CHAVE: Enzimas fibrinolíticas, Estreptoquinase, Nattoquinase, Fibrina

INTRODUÇÃO

As doenças cardiovasculares são a principal causa de morte a nível mundial. De acordo com um relatório publicado pela Organização Mundial de Saúde (OMS) em 2011, estima-se que

17,3 milhões de pessoas morreram de doenças cardiovasculares em 2008, o que representa 30% de todas as mortes a nível mundial (OMS, 2011). Prevê-se que o número de pessoas que morrem de doenças cardiovasculares aumente para 23,3 milhões de pessoas até 2030. Prevê-se que as doenças cardíacas e os acidentes vasculares cerebrais continuem a ser as principais causas de morte durante este período (Mathers e Loncar., 2006).

A trombose intravascular (ou seja, a coagulação do sangue nos vasos sanguíneos) é uma das principais causas de doenças cardiovasculares. Os coágulos formados a partir de fibrina insolúvel restringem o fluxo regular de sangue nos vasos sanguíneos, levando a tromboses e ataques cardíacos. A fibrina insolúvel é o principal componente proteico dos coágulos sanguíneos, que são formados a partir do fibrinogénio pela trombina (Voet e Voet., 1990). Esta fibrina insolúvel pode ser hidrolisada em produtos de degradação da fibrina pela plasmina, que é gerada a partir do plasminogénio pelos activadores do plasminogénio. A base da terapêutica fibrinolítica é a administração intravenosa de um ativador do plasminogénio exógeno, que destrói o trombo e restabelece o fluxo sanguíneo na área de isquemia. Os três agentes fibrinolíticos atualmente utilizados para este fim são a uroquinase, a estreptoquinase e o ativador do plasminogénio tecidular geneticamente modificado (t-PA). No entanto, estas enzimas são dispendiosas, termolábeis e podem produzir efeitos secundários indesejáveis, como hemorragia gastrointestinal, reacções alérgicas e resistência à repercussão (Blann *et al*, 2002).

Recentemente, foram descobertas enzimas fibrinolíticas potentes em vários produtos alimentares fermentados, incluindo o *natto* japonês (Sumi *et al*., 1987), o skipjack *shiokara* (Sumi *et al.,* 1995), *o cheonggukjang* coreano (Kim et al., 1996), **o** *doenjang* (Kim e Choi., 2000), um tempero tradicional asiático de pasta de camarão fermentada (Wong e Mine., 2004) e um alimento tradicional chinês à base de soja, o *douchi* (Peng *et al.,* 2003)**.** A nattokinase, uma fibrinolisina extracelular produzida pelo *Bacillus subtilis* natto, pode hidrolisar diretamente a fibrina nos coágulos sanguíneos e promover a produção de t-PA, que ativa o plasminogénio em plasmina ativa para hidrolisar a fibrina. A administração oral de natto ou nattokinase aumenta eficazmente a libertação de um ativador do plasminogénio endógeno em modelos animais e em seres humanos. As enzimas fibrinolíticas microbianas de microrganismos de qualidade alimentar têm potencial para serem desenvolvidas como aditivos para alimentos funcionais e como medicamentos para prevenir ou curar doenças cardiovasculares.

As enzimas fibrinolíticas, como a **uroquinase, a estreptoquinase** e a **nattoquinase, a estafilocinase**, são agentes que dissolvem coágulos de fibrina (Davies e Thomas, 1985), foram identificadas e estudadas em muitos organismos, incluindo cobras, minhocas, fungos, bactérias e uma variedade de alimentos, e foram purificadas e as suas propriedades físico-químicas foram caracterizadas (Dubey *et al,* 2011). A terapia trombolítica com infusão intravenosa de activadores do plasminogénio tornou-se um tratamento estabelecido para doentes com enfarte agudo do miocárdio. Os agentes trombolíticos mais frequentemente utilizados são a estreptoquinase e o ativador do plasminogénio tecidular recombinante.

TIPOS DE ENZIMAS FIBRINOLÍTICAS

Com base nas suas funções, os agentes trombolíticos são classificados em dois tipos: activadores do plasminogénio e uroquinase. Para além disso, as enzimas fibrinolíticas microbianas são classificadas em três tipos: serina-protease (por exemplo, nattoquinase), metalo-protease (por exemplo, *Armillaria mellea* metalo-protease) e mistura de serina e metalo-proteases, como a protease de *Streptomyces* sp. Y405 (Sasirekha *et al.,* 2012). Até à data, foram identificados vários métodos para o tratamento de doenças relacionadas com a formação de coágulos sanguíneos. A enzima fibrinolítica necessária para a degradação da coagulação sanguínea pode ser derivada de fontes naturais e de fontes microbianas. Entre elas, a uroquinase, o ativador do plasminogénio tecidular, a estreptoquinase, a estafilocinase, etc., também foram sugeridas para a remoção do coágulo. No entanto, estes métodos têm como obstáculo as hemorragias internas ou o seu elevado custo. Embora as enzimas fibrinolíticas estejam a ser isoladas de vários organismos, a sede de encontrar novas enzimas fibrinolíticas ainda não parou (Deepak *et al,* 2010).

Entre os vários agentes trombolíticos, a estreptoquinase é mais eficaz na dissolução de coágulos recém-formados. A importância clínica da estreptoquinase foi registada pela primeira vez por Tillet e Garner (Tillet e Garner, 1933). A estreptoquinase é uma enzima produzida por muitas estirpes de *estreptococos* 0-hemolíticos isolados naturalmente do trato respiratório superior e é utilizada para dissolver a matriz de fibrina dos coágulos sanguíneos, especialmente os das artérias do coração e dos pulmões. Sendo uma enzima extracelular não específica da fibrina, exerce a sua ação fibrinolítica indiretamente através da ativação do plasminogénio circulatório (Banerjee *et al,* 2004). A estreptoquinase tem um peso molecular de 47 kDa e é constituída por um polipéptido de cadeia simples com 414 resíduos de aminoácidos. É composta por três domínios distintos, designados por a (resíduos 1 -150), 0 (resíduos 151-287) e y (resíduos 288-414). O aumento exponencial da aplicação da estreptoquinase em vários domínios nas últimas décadas exige uma extensão tanto da melhoria qualitativa como do aumento quantitativo (Abdelghani *et al.*, 2005).

A Nattokinase é considerada uma enzima fibrinolítica ativa sintetizada por bactérias pertencentes ao *Bacillus* sp. e foi identificada no natto, um alimento tradicional japonês (Sumi *et al,* 1987). O natto é rico em proteínas e foi produzido através da fermentação da soja com *Bacillus subtilis*. A nattoquinase é uma serina protease, pertencente à família das subtilisinas, que apresenta uma maior atividade fibrinolítica quando comparada com a plasmina (Fujita *et al.,* 1995). O aumento da atividade fibrinolítica da nattoquinase torna-a viável para a terapia trombolítica. A nattoquinase possui várias aplicações, incluindo anti-hipertensão, afinamento do sangue, capacidade trombolítica e digestiva (Yokota *et al.,* 1996).

FIBRINOLISE

A fisiologia da formação do coágulo de fibrina é relativamente bem compreendida (Wu e Thiagarajan, 1996). Um coágulo sanguíneo ou trombo é constituído por células sanguíneas ocluídas numa matriz de proteína fibrina. A dissolução do coágulo de fibrina, mediada por enzimas, é conhecida como trombólise ou fibrinólise. Na circulação dos mamíferos, a enzima responsável pela fibrinólise é a plasmina, uma serina protease semelhante à tripsina. A plasmina fibrinoliticamente ativa é produzida a partir da proteína inativa plasminogénio que está presente na circulação. A conversão do plasminogénio inativo em plasmina fibrinolítica envolve uma clivagem proteolítica limitada que é mediada pelos vários activadores do plasminogénio (Castellino, 1984). Dois activadores do plasminogénio que ocorrem naturalmente no sangue são o tipo tecidular (tPA) e o tipo uroquinase (uPA). A atividade fibrinolítica na circulação é modulada por inibidores dos activadores do plasminogénio (por exemplo, o inibidor do ativador do plasminogénio-1, PAI-1, um inibidor de ação rápida da Tpa e da uPA) e da plasmina (por exemplo, a1-antiplasmina, a2 macroglobulina) (Francis e Marder, 1991). A cascata de reacções que conduzem à dissolução do coágulo de fibrina é ilustrada esquematicamente na Fig. 1. As formas recombinantes dos activadores do plasminogénio humano normal tPA e uPA são utilizadas na intervenção clínica. Outro ativador do plasminogénio frequentemente utilizado é a estreptoquinase (sPA), uma proteína bacteriana que não ocorre naturalmente na circulação humana. A estreptoquinase, o tPA e o uPA não têm uma atividade fibrinolítica direta e a sua ação terapêutica faz-se através da ativação do plasminogénio sanguíneo para a plasmina que dissolve o coágulo (Fig. 1). Ao contrário do tPA e do uPA, que são proteases, a estreptoquinase não possui atividade enzimática própria. A estreptoquinase adquire a sua propriedade de ativação do plasminogénio através da complexação com o plasminogénio ou a plasmina circulantes. O complexo estequiométrico 1:1 de alta afinidade resultante (ou seja, o complexo ativador da estreptoquinase-plasminogénio) é uma protease de alta especificidade que ativa proteoliticamente outras moléculas de plasminogénio em plasmina (Bajaj e Castellino, 1977). Assim, a ação activadora do plasminogénio da estreptoquinase é fundamentalmente diferente da ativação proteolítica provocada pelo tPA e pelo uPA.

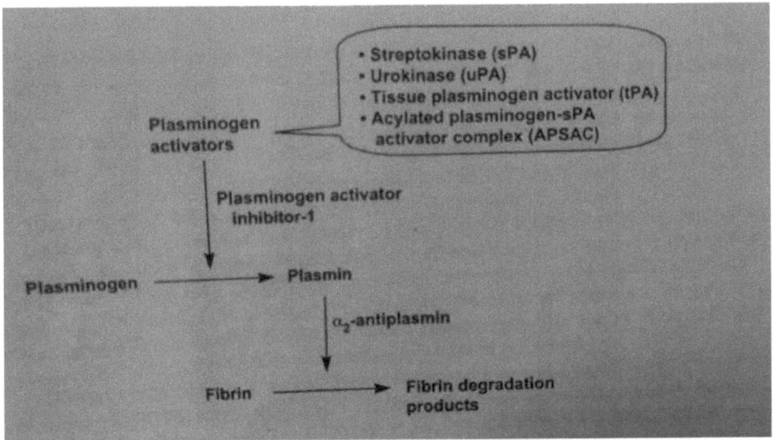

Fig 1: Representação esquemática da fibrinólise.

FONTES DE ENZIMAS FIBRINOLÍTICAS MICROBIANAS

Os microrganismos são recursos importantes para os agentes trombolíticos. A estreptoquinase de *Streptococcus hemolyticus* e a *estafilocinase* de *Staphylococcus aureus* revelaram-se anteriormente eficazes na terapia trombolítica (Collen e Lijnen., 1994). Ao longo dos anos, foram sucessivamente descobertas mais enzimas fibrinolíticas de vários micróbios, como a nattoquinase (NK) de *Bacillus natto* e a subtilisina DFE e a subtilisina DJ-4 de *Bacillus amyloliquefaciens* (Peng e Zhang., 2002). Os microrganismos que produzem enzimas fibrinolíticas incluem bactérias, actinomicetos, fungos e algas. *Streptomyces megaspores* SD5, isolado da água de uma fonte termal, pode produzir uma enzima fibrinolítica termoestável forte (Chitte e Dey., 2000).

Verificou-se também que alguns tipos de fungos produzem a protease com elevada atividade fibrinolítica, por exemplo, *Asperigillus ochraceus* 513, *Fusarium oxysporum, Penicillum chrysogenum, Rhizopus chinesis* 12 (Xiao et al., 2005). Além disso, Masubara *et al* encontraram as enzimas fibrinolíticas das algas marinhas *Codiumlatum, Codiumdivaricatum* e *Codium intricatum*. Lee *et al* purificaram recentemente a enzima fibrinolítica, designada como AMMP, a partir de micélios culturais do cogumelo *Armillaria mella*.

PERSPECTIVAS FUTURAS

A utilização de enzimas microbianas em vários domínios, como o industrial e o farmacêutico, aumentou muito nos últimos anos. Mais produtos biofarmacêuticos estão a entrar nas linhas de descoberta e desenvolvimento de medicamentos nos últimos tempos (John, 2009). As enzimas já são utilizadas em reagentes de ensaios clínicos, sendo de esperar um maior desenvolvimento neste domínio. Verifica-se igualmente um desenvolvimento no domínio da aplicação clínica das enzimas. As enzimas proteolíticas são utilizadas para o desbridamento de feridas. A injeção de certas enzimas, como a estreptoquinase, também promete resultados clínicos positivos. A utilização de produtos farmacêuticos de pequenas moléculas pode aumentar, uma vez que as doenças são melhor compreendidas a nível molecular. Serão necessárias enzimas cristalinas e extremamente purificadas para utilizações clínicas e terapêuticas. São de esperar rápidos progressos na disponibilidade de enzimas de elevada pureza à escala industrial. Várias indústrias, incluindo os fabricantes de enzimas, estão atualmente a realizar investigação no domínio das enzimas a fim de encontrar métodos novos e melhorados para a utilização de enzimas, melhorar o rendimento das enzimas microbianas industriais e encontrar novas enzimas para fins industriais e médicos. Esta investigação contribuirá para a utilização contínua de enzimas antigas e novas (Underkofler *et al.,* 1957). Existe um mercado grande e crescente para as enzimas terapêuticas. Muitas doenças aumentaram a procura de enzimas como agentes terapêuticos. Atualmente, as enzimas terapêuticas estão disponíveis sob a forma de comprimidos, cápsulas, pós e suplementos alimentares. Estão a ser realizados estudos para utilizar os diversos recursos microbianos, incluindo microrganismos marinhos e terrestres. As enzimas medicamente importantes produzidas por microrganismos são utilizadas como anticoagulantes, oncolíticos, trombolíticos, fibrinolíticos, mucolíticos, anti-inflamatórios, antimicrobianos e auxiliares digestivos. As doenças que estão a ressurgir após terem adquirido resistência aos anticorpos também podem ser tratadas com enzimas microbianas. As combinações de enzimas e medicamentos têm também a capacidade de induzir efeitos sinérgicos e podem tratar várias doenças, neutralizando os seus efeitos secundários. Por conseguinte, pode concluir-se que, num futuro próximo, é efetivamente necessária investigação sobre estas biomoléculas que, mais tarde, se revelarão benéficas para a humanidade na sua relevância.

REFRÊNCIAS

Abdelghani, T.T.A., Kunamneni, A. e Ellaiah, P., 2005. Isolamento e mutagénese de bactérias produtoras de estreptoquinase. *Am J Immunol, 1*(4), 125-129.

Bajaj, A.P e Castellino, F.J., 1977. Ativação do plasminogénio humano por níveis equimolares de estreptoquinase. *J Biol Chem;* 252:492- 8.

Banerjee, A., Chisti, Y. e Banerjee, U.C., 2004. Streptokinase-a clinically useful thrombolytic agent. *Biotechnology advances, 22*(4), 287-307.

Blann, A.D., Landray, M.J e Lip G.Y.H., 2002. ABC of antithrombotic therapy: uma visão geral da terapia antitrombótica. *BMJ.* 325:762.

Castellino, F.J., 1984. Bioquímica do plasminogénio humano. Semin Thromb Hemost; 10:18 - 23.

Chitte, R.R. e Dey S., 2000. Potente enzima fibrinolítica de uma estirpe termófila de *Streptomyces megaspores* SD5. *Lett Appl Microbiol;* 31(6): 405-410.

Collen, D e Lijnen, H.R., 1994. Staphylokinase, um ativador do plasminogénio específico da fibrina com potencial terapêutico. Blood; 84(3): 680-686.

Davies, M.J. e Thomas, A.C., 1985. Plaque fissuring: the cause of acute myocardial infarction, sudden ischaemic death, and crescendo angina. *Br Heart J* ; 53(4):363-373.

Deepak, V., Ilangovan, S., Sampathkumar, M.V., Victoria, M.J., Pasha, S.P.B.S., Pandian, S.B.R.K. e Gurunathan, S., 2010. Otimização do meio e imobilização de URAK fibrinolítico purificado de *Bacillus cereus* NK1 em nanopartículas de PHB. *Enzyme and Microbial Technology, 47(6),* 297-304.

Dubey, R., Kumar, J., Agrawala, D., Char, T. e Pusb, P., 2011. Isolamento, produção, purificação, ensaio e caraterização de enzimas fibrinolíticas (Nattokinase, Streptokinase e Urokinase) a partir de fontes bacterianas. *Jornal Africano de Biotecnologia*;10(8): 1408-1420.

Francis, C.W. e Marder, V.J., 1991. Terapia fibrinolítica para trombose venosa. *Prog Cardiovasc Dis* ; 34(3): 193-204.

Fujita, M., Hong, K., Yae, I.T.O., Fujii, R., Kariya, K. e Nishimuro, S., 1995. Efeito trombolítico da nattokinase num modelo de trombose induzida quimicamente no rato. *Biological and pharmaceutical bulletin, 78*(10), 1387-1391.

John, P.G., 2009. The textbook of pharmaceutical medicine. Blackwell Publishing Ltd., 59 &

63.

Kim, S.H. e Choi, N.S., 2000. Purificação e caraterização da subtilisina DJ-4 segregada por *Bacillus* sp. estirpe DJ-4 selecionada de *Doen-Jang*. *Biosci Biotechnol Biochem.* 64:17221725.

Kim, W.K., Choi, K.H., Kim, Y.T., Park, H.H., Choi, J.Y., Lee, Y.S., Oh, H.I., Kwon, I.B. e Lee, S.Y., 1996. Purificação e caraterização de uma enzima fibrinolítica produzida a partir de *Bacillus* sp. estirpe CK 11-4 selecionada de Chungkook-Jang. *Appl Environ Microbiol.* 62:2482-2488.

Lee, S.Y., Kim. J.S., Kim, J.E., Sapkota, K., Shen, M.H., Kim, S., Chun, H.S., Yoo, J.C., Choi, H.S. e Kim, S.J., 2005. Purificação e caraterização da enzima fibrinolítica de micélios em cultura de *Armillaria mellea*. *Protein Expr Purif*; 43(1): 10-17.

Masubara, K., Sumi, H., Hori, K. e Miyazawa, K., 1998. Purificação e caraterização de duas enzimas fibrinolíticas da alga verde marinha, *Codium intricatum*. *Comp Biochem Physiol Biochem Mol Biol* ; 119: 177-181.

Mathers, C.D. e Loncar, D., 2006. Projecções da mortalidade global e do peso da doença de 2002 a 2030. *PLoS Med.* 3:e442.

Peng, Y. e Zhang, Y.Z., 2002. Isolamento e caraterização da estirpe DC-4 produtora de enzimas fibrinolíticas da ducha chinesa e análise primária da propriedade da enzima. *Chin High Technol Lett*; 12: 30-34.

Peng, Y., Huang, Q., Zhang, R.H.e Zhang, Y.Z., 2003. Purificação e caraterização de uma enzima fibrinolítica produzida por *Bacillus emyloliquefaciens* DC-4 selecionada a partir de *Douchi,* um alimento tradicional de soja chinês. *Comp Biochem Physiol B Biochem Mol Biol.* 134:45-52.

Sasirekha, C., Ramya, S. e Balagurunathan, R., 2012. Enzima fibrinolítica de actinomicetos. *Journal of Pharmacy Rearch.* 5(12), 5457-5463.

Sumi, H., Nakajima, N. e Yatagai, C., 1995. Uma enzima fibrinolítica forte e única (katsuwokinase) no gaiado *"Shiokara",* um alimento fermentado tradicional japonês. *Comp Biochem Physiol B Biochem Mol Biol.* 112:543-547.

Sumi, H., Hamada, H., Tsushima, H., Mihara, H. e Muraki, H., 1987. A novel fibrinolytic enzyme (nattokinase) in the vegetable cheese Natto; a typical and popular soybean food in the Japanese diet. *Cellular and Molecular Life Sciences, 43*(10), 1110-1111.

Tillett, W.S. e Garner, R.L., 1933. A atividade fibrinolítica dos hemolíticos estreptococos. *Jornal de Medicina Experimental, 58*(4), 485-502.

Underkofler, L.A., Barton, R.R. e Rennert, S.S., 1957. Produção de enzimas microbianas e suas aplicações. *Appl. Microbiol,* 6: 212 221.

Voet, D. e Voet, J.G., 1990. Biochemistry. 2ª ed.; John Wiley and Sons; NY, EUA: 1087-1095. John Wiley and Sons; NY, EUA: 1087- 1095.

OMS. 2011. Relatório sobre a situação mundial das doenças não transmissíveis 2010. Organização Mundial da Saúde; Genebra, Suíça: 9-31.

Wong, A.H.K. e Mine, Y., 2004. Nova enzima fibrinolítica na pasta de camarão fermentada, um tempero fermentado tradicional asiático. *J Agric Food Chem.* 52:980-986.

Wu, K.K. e Thiagarajan, P., 1996. Role of endothelium in thrombosis and hemostasis (Papel do endotélio na trombose e hemostasia). *Annu Rev Med* ;47:315- 31.

Xiao Lan, L., Lian Xiang, D., Fu Ping, L., Xi Qun, Z. e Jing, X., 2005. Purificação e caraterização de uma nova enzima fibrinolítica de *Rhizopus chinensis* 12. *Appl Microbiol Biotechnol*; 67(2): 209-214.

Yokota, T., Hattori, T., Ohishi, H., Hasegawa, K. e Watanabe, K., 1996. O efeito da fração contendo antioxidantes de alimentos fermentados de soja no desenvolvimento da aterosclerose em coelhos alimentados com colesterol. *LWT-Ciência e Tecnologia Alimentar, 29*(8), 751-755.

Efeitos do incêndio florestal na estrutura e abundância da comunidade microbiana Padma Singh*, Pooja Dhiman, J.P. Mehta

Departamento de Microbiologia, Campus de Kanya Gurukul, Universidade de Gurukul Kangri, Haridwar, (Uttarakhand)-249407, Índia

***Autor correspondente: drpadmasingh06 @gmail.com**

Resumo: Os microrganismos do solo são a base da regulação dos ciclos biogeoquímicos nos ecossistemas florestais. Os microrganismos (bactérias, fungos, actinomicetos e vírus) desempenham um papel muito importante na modificação da solubilidade dos componentes minerais do solo, reduzem os compostos orgânicos a níveis essencialmente indetectáveis, alteram a estrutura do solo, oxidam compostos inorgânicos e utilizam uma variedade de componentes do solo como aceptores de electrões. Estes factores influenciam diretamente o crescimento e a saúde das plantas. Os micróbios são indicadores úteis da qualidade do solo e da sua fertilidade. O fogo é um fator ecológico muito importante dos ecossistemas florestais a ter em consideração. A extensão das áreas ardidas nos Himalaias de Garhwal aumentou em parte devido ao aumento da temperatura e à frequência crescente dos incêndios todos os anos. Foi reconhecido como uma das principais causas das alterações climáticas que ameaçam a saúde pública, o ambiente e provocam a perda de biodiversidade. Os efeitos diretos dos incêndios florestais são os ferimentos e a morte de pessoas, bem como a emissão de gases com efeito de estufa, a destruição de habitats de vida selvagem e, sobretudo, o esgotamento da fertilidade do solo. Os incêndios que afectam os ecossistemas florestais podem causar alterações consideráveis na comunidade microbiana do solo. O fogo submete os microrganismos do solo a temperaturas extremas e modifica o seu habitat físico e químico. Isto pode alterar imediatamente a estrutura da comunidade microbiana do solo, as suas actividades metabólicas e, em última análise, o funcionamento dos ecossistemas. A comunidade biológica é diretamente afetada pelo fogo devido à sensibilidade dos micróbios ao calor. A intensidade e o intervalo de retorno do fogo na floresta são os dois principais factores que alteram a abundância microbiana no solo após o incêndio. O efeito do fogo florestal nos microrganismos do solo florestal é muito complexo e menos estudado do que os seus efeitos à superfície. O objetivo desta investigação é centrar-se nas alterações microbiológicas após o incêndio.

Palavras-chave: Comunidade microbiana, Fertilidade do solo, Ecossistema florestal.

Introdução: Desde tempos imemoriais, as florestas fazem parte integrante do ecossistema humano e são a maior dádiva da natureza à humanidade, desempenhando um papel muito significativo na sua vida. As florestas são a principal fonte de alimentos, medicamentos, madeira e uma grande variedade de outros produtos. Para além destas caraterísticas importantes, as florestas estão atualmente sob uma enorme pressão. O perigo mais comum nas florestas são os incêndios florestais. Os incêndios florestais são tão antigos como as próprias florestas. Representam uma ameaça não só para a riqueza da floresta, mas também para a fauna e a flora, a diversidade microbiana e até para todo o ambiente de um ecossistema. Os incêndios florestais são provocados tanto por causas naturais como por causas humanas. **Causas naturais** - Muitos incêndios florestais têm origem em causas naturais, como os relâmpagos que incendeiam as árvores. As altas temperaturas atmosféricas e a baixa humidade oferecem circunstâncias favoráveis ao fogo. **Causas provocadas pelo homem** - O fogo é provocado quando uma fonte de fogo, como uma chama nua, um cigarro ou bidi, uma faísca eléctrica ou qualquer fonte de ignição, entra em contacto com material inflamável (folhas secas, queda de lixo, etc.). A gravidade do incêndio é constituída por duas componentes: intensidade e duração. A intensidade é a taxa a que um incêndio produz energia térmica. Embora o calor no solo húmido seja transportado mais rapidamente e penetre mais profundamente, o calor latente de vaporização impede que a temperatura do solo exceda os $950C$ até que a água se vaporize completamente (Campbell et al. 1994). A ocorrência frequente de incêndios florestais tem sido uma das principais razões para o esgotamento e a extinção da maioria das nossas valiosas espécies vegetais e animais. Até os seres humanos são afectados, direta ou indiretamente, pelos estragos provocados por estes incêndios devastadores. Os efeitos mais significativos dos incêndios são registados nas florestas de carvalhos e de coníferas, que demoram muito tempo a recuperar porque estas espécies apanham incêndios de alta intensidade. O fogo de baixa intensidade aumenta a disponibilidade de nutrientes para as plantas, o que favorece a regeneração das ervas. Os incêndios de alta intensidade resultam na perda total de MOS e de vegetação, o que afecta a fertilidade do solo. Os incêndios que ocorrem na floresta assumem basicamente três formas, como o **fogo de superfície** (queima de folhada superficial, detritos no solo e vegetação de pequeno porte), **o fogo de copa** (propagação mais rápida de toda a copa das árvores e arbustos) e o fogo de solo (queima de matéria orgânica do solo da floresta). O fogo é benéfico ou prejudicial para o ecossistema florestal. O fogo pode também contribuir para a reciclagem dos nutrientes do solo ou para o ciclo biogeoquímico. (Richard 1974)

A saúde do solo é fundamental para a saúde do ecossistema. Perturbações como o fogo podem afetar a abundância, a atividade e a composição das comunidades microbianas do solo, afectando assim a produtividade do solo. As propriedades do solo podem sofrer alterações a curto prazo, a longo prazo ou permanentes induzidas pelo fogo, dependendo principalmente do tipo de propriedade, da gravidade e frequência dos incêndios e das condições climáticas pós-fogo. . O fogo pode consumir diretamente parte ou a totalidade do material vegetal em pé e da folhada, bem como a matéria orgânica da camada superior do solo. Uma das alterações mais importantes do solo, durante a queimada, é a alteração do teor de matéria orgânica, pelo que os nutrientes contidos na matéria orgânica ficam mais disponíveis ou podem volatilizar-se e perder-se do local. Estas alterações também afectam o crescimento e a resposta dos microrganismos do solo.

Impacto dos incêndios florestais

A matéria orgânica do solo desempenha um papel importante nas propriedades físicas, químicas e biológicas do solo. O fogo afecta as propriedades do solo porque a matéria orgânica localizada na superfície do solo, ou perto dela, entra rapidamente em combustão e é constituída por seis componentes: (1) a camada de folhada; (2) a folhada vegetal parcialmente decomposta, mas reconhecível; (3) a camada de húmus; (4) a madeira em decomposição; (5) o carvão vegetal, ou madeira extensivamente parcialmente queimada, misturada no solo mineral; e (6) o horizonte mineral superior do solo (Harvey 1982). A matéria orgânica do solo sofre uma série de transformações físicas e químicas depois do fogo (Chandler e outros 1983). Depois de um incêndio florestal, há vários factores interactivos que afectam o biota do solo, que por sua vez incluem a esterilização direta, a formação de cinzas, carvão e matéria orgânica alterada pelo fogo, e modificações dos factores de formação do solo e da estrutura da microflora e de todo o sistema trófico, ou seja, alterações na copa das árvores e na vegetação que afectam as propriedades do solo. Os efeitos do fogo nas populações de microrganismos do solo e na composição das espécies dependem da gravidade do incêndio, bem como das condições do local e das condições meteorológicas antes e depois do incêndio. Os incêndios de baixa severidade e de movimento rápido não têm um efeito importante nas populações microbianas, ao passo que os incêndios de alta severidade e de longa duração têm o maior impacto. O efeito imediato do fogo sobre os microrganismos do solo é a redução da sua biomassa. O efeito do fogo sobre os microrganismos do solo é a redução da sua biomassa.

Discussão Impacto nas propriedades físico-químicas do solo: As caraterísticas físicas e químicas do solo que são afectadas pelos incêndios florestais incluem a cor do solo, a textura, o pH, a capacidade de retenção de água, o N, o P, o K, o carbono orgânico, etc. A cor do solo é a primeira coisa que se nota no solo queimado, em comparação com o fogo de intensidade ligeira ou moderada a alta. A temperaturas mais elevadas, a superfície do solo fica avermelhada. No caso de incêndios de intensidade baixa a moderada, o solo fica coberto por uma camada de cinzas pretas ou cinzentas (Certini, 2005). As texturas do solo (areia, silte e argila) têm uma entrada de temperatura elevada e não são normalmente afectadas pelo fogo, a menos que estejam sujeitas a temperaturas elevadas no horizonte A. A fração mais sensível da textura é a argila, que começa a mudar a altas temperaturas do solo (4000^0 C) (Neary et al., 2008). Após o incêndio florestal, o pH do solo aumenta geralmente, mas o aumento significativo só se verifica a temperaturas mais elevadas ($450-5000^0$ C) (Certini, 2005). Um outro efeito importante do fogo nas propriedades físicas do solo é a eliminação da capacidade de armazenamento de água nos horizontes orgânicos até vários centímetros. As temperaturas elevadas à superfície (superfície do solo) consomem todos os materiais orgânicos e folhada e criam vapores no perfil do solo que se movem para baixo em resposta a um gradiente de temperatura e depois condensam nas partículas do solo, tornando-as repelentes à água (Letey, 2001)

Alterações induzidas pelo fogo nos ciclos biogeoquímicos dos nutrientes do solo N, P, K, C e os micronutrientes também. Durante a queimada, a temperatura do solo atingiu de 93° C a 1004° C, como resultado da alteração do ciclo dos nutrientes (Isaac e Hopkins, 1937; Landelout, 1964 e Roberts, 1965). O fogo pode afetar o estado dos nutrientes do solo por adição direta de nutrientes e por alteração indireta do ambiente do solo.

Impacto do fogo nas bactérias: São poucos os estudos efectuados sobre a população bacteriana do solo que sugerem o efeito significativo do fogo na população bacteriana. Arcara et al., 1975, relataram que a população bacteriana aumentou mais nas áreas queimadas do que nas áreas não queimadas na primeira época de fogo e tornou-se normal em épocas sucessivas. A população bacteriana aumentou geralmente após o incêndio e as espécies de bacilos foram dominantes em todas as profundidades da área queimada na estação pós-chuvosa devido à sua capacidade de formação de endosporos, enquanto os actinomicetos diminuíram em número. (Saravanan et al 2013). As bactérias heterotrópicas aeróbias, incluindo as acidófilas e esporulantes, foram estimuladas pelo fogo, enquanto as cynobacteria foram claramente eliminadas. Vazquez et al 1993 relataram que a incubação do solo melhorou o efeito benéfico e diminuiu o efeito negativo do fogo na microbiota, enquanto Jaatinen et al 2004 descobriram que não há efeito significativo do fogo florestal nas bactérias oxidantes de metano. Sugeriram que o fogo aumentou as taxas de oxidação do CH4, mas o aumento do pH após o fogo e as cinzas provavelmente não causam quaisquer alterações nas bactérias oxidantes do metano. De acordo com Deka et al., 1982, a população bacteriana e de actinomicetos apresentou uma tendência semelhante no solo queimado, tendo sido afetada pelo calor e permanecido baixa apenas até 7 dias. As condições microclimáticas favoráveis, nomeadamente o teor de humidade, a temperatura e a decomposição da folhada, podem ter sido responsáveis pela ação bacteriana máxima durante a estação pós-chuva (Mabuhay et al., 2003, 2006a).

Impacto do fogo nos fungos: A população de fungos segue uma tendência de redução na área ardida em comparação com as áreas não ardidas. Renbuss et al., 1973 relataram que o crescimento da população de fungos era muito lento no solo queimado. Writght e Tarraunt, 1957, observaram uma diminuição da população de fungos no solo após a queimada. Sankaran, 2001 observou uma diminuição geral da população após o fogo devido a condições desfavoráveis. Vários trabalhadores concluíram que não há diferenças quantitativas e qualitativas significativas entre a flora do solo normal e a do solo queimado em termos de microfungos do solo um ano após a deflagração do incêndio na floresta nos arredores de Alanya.

Impacto do fogo nos Actinomicetos: Há muito poucos estudos que se centram no efeito do fogo na população de actinomicetos. Sarvanan V. 2013 efectuou uma análise comparativa da população de actinomicetos nesse estudo, tendo-se verificado que a população de actinomicetos era inferior à de bactérias e fungos após o fogo. A população de fungos e actinomicetas reduziu-se fortemente após o incêndio. Ao contrário dos endosporos bacterianos, os esporos destes dois organismos não podiam tolerar temperaturas mais elevadas. Por conseguinte, a população reduziu-se drasticamente após o incêndio devido a uma fraca capacidade de reprodução

Conclusão

As alterações químicas no solo após um incêndio florestal são mais importantes. As alterações no ciclo de nutrientes e na matéria orgânica do solo podem alterar a produtividade do ecossistema, alterando o ciclo biogeoquímico. O fogo pode afetar os micróbios do solo diretamente através do aquecimento e indiretamente através da modificação das propriedades do solo. Os fungos parecem ser mais sensíveis ao aquecimento do que as bactérias e os actinomicetes. Os efeitos diretos do fogo na microbiologia do solo dependerão principalmente da gravidade do fogo, que está relacionada com o comportamento do fogo, o tipo de solo e as condições específicas do solo durante a propagação do fogo. A gravidade do fogo depende de factores inter-relacionados do comportamento do fogo como a taxa de propagação, o comprimento da chama, a duração da intensidade, o clima e a topografia. O efeito do fogo no solo tem sido estudado em várias partes do mundo. Mas o seu efeito não está bem estudado na floresta tropical. Um estudo completo sobre a análise microbiológica necessita de muito mais exploração e investigação.

Referência

• Arcara P.G., Buresti E. e Sulli M (1975). IndaginiSugaliincendi in foresta: Previsionidel rischioemisuradeg li rffectiisulsuolotranitesaggimicrobiologici, Ann. Inst. Sper. Selvic 6, 75-120 (1975)

• Campbell GS, Jungbauer JD Jr, Bidlake WR, Hungerford RD (1994). Previsão do efeito da temperatura na condutividade térmica do solo. Soil Sci 158:307-313

• Chandler, C., Cheney, P., Thomas, P., Trabaud, L.,Williams, D(1983). O fogo na silvicultura. Vol. 1: forest fire beavior and effects. New York: John Wiley & Sons. 450 p.

• Harvey, AE (1982). A importância dos detritos orgânicos residuais na preparação e melhoria de sítios para reflorestação. In: Baumgartner, David M., ed. Site preparation and fuels management on steep terrain: symposium proceedings; 1982 February 15-17; Spokane, WA. Pullman, WA: Washington State University: 75-85.

• H. K. Deka e R.R. Mishra (1983). The effect of slash burning on soil microflora" Plant and soil 73, 167- 175 (1983)

• Isaac LA, e Hopkins HG, (1937). O solo da floresta da região do fogo de Douglas e as mudanças provocadas pela exploração madeireira e pela queima de madeira. Ecologia 18: 264-279.

• Jaatinen K, Knief C, Dunfield PF (2004). Methanotrophic bacteria in boreal forest soil after fire. FEMS Microbiology Ecology, 50: 195-202.

• Landelout H, (1964). Dynamics of Tropical soils in relation to their following technique. FAO, Roma p 111.

• Letey J, (2001) Causes and consequences of fire-induced soil water repellency. Hydrological Processes, 15(15): 2867-2875

• Mabuhay J.A, N. Nakagoshi e T. Horikoshi. (2003). Biomassa microbiana e abundância após incêndio florestal num pinhal no Japão. *Ecological Research,* 18: 431-441.

• Mabuhay J.A, N. Nakagoshi e Y. Isagi. 2006a. Biomassa, abundância e diversidade microbiana do solo numa floresta de pinheiros vermelhos japoneses: primeiro ano após o incêndio. Jornal de Investigação Florestal, 11: 165-173.

• Neary D G, Klopatek C C, DeBano LF, et al. (1999). Fire effects on belowground sustainability: a review and synthesis. Ecologia e Gestão Florestal, 122: 51-71

• Neary DG, Ryan KC, DeBano LF (2008). Incêndios florestais em ecossistemas: Effects of Fire on Soils and Water (Efeitos do fogo nos solos e na água). Departamento de Agricultura dos EUA, Serviço Florestal, Estação de Investigação das Montanhas Rochosas, EUA

• Roberts W.B, (1965). Temperaturas do solo sob uma pilha de troncos a arder. Australian For.Res. 1: 21-25.

• Renbuss M A, Chilvens, G.A & Pryar, L D. (1973) . Microbiologia num leito de cinzas, proc. Linn. Soc. N.S.W, 97, 302-311

• Sankaran K.V (2001), Effect of prescribe burning on soil microflora and litter dynamics in a moist deciduous forest ecosystem of western Ghats, KFRI research report No. 235, Kerla forest Research institute, Peechi , 52 (200)

• Vazquez FJ, Acea MJ, Carballas T (1993). Populações microbianas do solo após incêndio florestal. FEMS Microbiology Ecology, 13(2): 93-103

• Wright E. e Tarraunt RF (1957). Microbiological soil properties after logging with slash burning, U.S. For. Serv. Pal. NW. For. Range Exp. Stn. Res. Notas No. 157.

• Saravanan V., Santhi R., Kumar P., Kalaiselvi T, Vennila S (2013). Efeito do incêndio florestal na diversidade microbiana do ecossistema florestal Shola degradado da cordilheira da encosta oriental de Nilgiris. Jornal de Pesquisa de Agricultura e Ciência Florestal, Vol. 1 (5): 5-8.

As plantas como fonte de agentes antimicrobianos

Padma Singh* e Parul

Departamento de Microbiologia, Campus de Kanya Gurukul,

Universidade Gurukul Kangri,

Haridwar (249407), Uttarakhand, Índia.

***Correio eletrónico do autor correspondente:
id:drpadmasingh06@gmail.com**

Resumo

Há milhares de anos que as plantas são utilizadas para dar sabor e conservar os alimentos, para tratar perturbações da saúde e para prevenir doenças, incluindo epidemias. O conhecimento das suas propriedades curativas tem sido transmitido ao longo dos séculos dentro e entre as comunidades humanas. Os compostos activos produzidos durante o metabolismo vegetal secundário são geralmente responsáveis pelas propriedades biológicas de algumas espécies de plantas utilizadas em todo o mundo para vários fins, incluindo o tratamento de doenças infecciosas. Atualmente, os dados sobre a atividade antimicrobiana de numerosas plantas, até agora considerados empíricos, têm sido cientificamente confirmados, concomitantemente com o número crescente de relatórios sobre microrganismos patogénicos resistentes aos antimicrobianos. Os produtos derivados de plantas podem potencialmente controlar o crescimento microbiano em diversas situações e, no caso específico do tratamento de doenças, inúmeros estudos têm procurado descrever a composição química desses antimicrobianos vegetais e os mecanismos envolvidos na inibição do crescimento microbiano, isoladamente ou associados a antimicrobianos convencionais. Assim, o presente trabalho enfatiza as diversas classes de agentes químicos responsáveis pela propriedade antimicrobiana das plantas medicinais.

Palavras-chave: Atividade antimicrobiana, Plantas medicinais, Fitoquímicos.

Introdução: A natureza tem sido uma fonte de agentes medicinais há milhares de anos, e um número impressionante de medicamentos modernos foi isolado de fontes naturais, muitos com base na sua utilização na medicina tradicional. As plantas são utilizadas há milhares de anos para aromatizar e conservar alimentos, para tratar perturbações da saúde e para prevenir doenças, incluindo epidemias. O conhecimento das suas propriedades curativas tem sido transmitido ao longo dos séculos dentro e entre as comunidades humanas. Os compostos activos produzidos durante o metabolismo vegetal secundário são geralmente responsáveis pelas propriedades biológicas de algumas espécies de plantas utilizadas em todo o mundo para vários fins, incluindo o tratamento de doenças infecciosas. As doenças infecciosas são a principal causa de morte prematura no mundo, matando quase 50.000 pessoas todos os dias. A morbilidade e a mortalidade devidas à diarreia continuam a ser um problema importante em muitos países em desenvolvimento, especialmente entre as crianças. Nos últimos anos, a resistência aos medicamentos por parte de bactérias patogénicas humanas tem sido frequentemente notificada em todo o mundo (Piddock *et al.*, 1981 & Mulligen *et al.*, 1993). Para além deste problema, os antibióticos estão por vezes associados a efeitos adversos no hospedeiro, que incluem hipersensibilidade, depleção de microrganismos benéficos do intestino e das mucosas, imunossupressão e reacções alérgicas (Lopez *et al.*, 2001). Por conseguinte, é necessário desenvolver medicamentos antimicrobianos alternativos para o tratamento de doenças infecciosas, sendo uma das abordagens a análise de plantas medicinais para detetar possíveis propriedades antimicrobianas.

Os sistemas de medicina tradicional à base de plantas continuam a desempenhar um papel essencial nos cuidados de saúde, com cerca de 80% dos habitantes do mundo a dependerem principalmente dos medicamentos tradicionais para os seus cuidados de saúde primários. Os produtos vegetais também desempenham um papel importante nos sistemas de cuidados de saúde dos restantes 20%, que residem em países desenvolvidos. Cerca de 25% dos medicamentos receitados nas farmácias comunitárias dos Estados Unidos, entre 1959 e 1980, continham extractos de plantas ou princípios activos derivados de plantas superiores. Pelo menos 119 substâncias químicas derivadas de 90 espécies de plantas são medicamentos importantes atualmente em uso. Destes 119 fármacos, 74% foram descobertos como resultado de investigação orientada para o isolamento de compostos activos de plantas utilizadas na medicina tradicional (O'Neill e Lewis, 1993). Muitos investigadores têm discutido a importância das plantas medicinais como fontes de novos agentes terapêuticos (Cragg e Newman, 2002) e outros têm-se concentrado efetivamente no potencial de classes químicas específicas (por exemplo, alcalóides) na descoberta de medicamentos. A investigação recente continua a validar uma abordagem etnobotânica orientada para a descoberta inicial de produtos farmacêuticos   (Lewis, 1995). Estima-se que existam entre 250 000 e 500 000 espécies de plantas na Terra (Borris, 1996). Uma percentagem relativamente pequena (1 a 10%) destas espécies é utilizada como alimento pelo homem e por outras espécies animais. É possível que um número ainda maior seja utilizado para fins medicinais (Moerman D.E., 1996). Hipócrates (no final do século V a.C.) mencionou 300 a 400 plantas medicinais

(Schultes R.E., 1978). No século I d.C., Dioscórides escreveu *De Materia Medica,* um catálogo de plantas medicinais que se tornou o protótipo das farmacopeias modernas. A Bíblia apresenta descrições de cerca de 30 plantas medicinais. De facto, o incenso e a mirra gozavam provavelmente do seu estatuto de grande valor devido às suas propriedades medicinais.

RASTREIO DE NOVAS PLANTAS ANTIMICROBIANAS PARA PRODUTOS FARMACÊUTICOS :

As plantas são a fonte mais antiga de compostos farmacologicamente activos e forneceram à humanidade muitos compostos medicamente úteis durante séculos (Cordell & Araujo, 1993). Atualmente, estima-se que mais de dois terços da população mundial dependem de medicamentos derivados de plantas; cerca de 7000 compostos medicinais utilizados na farmacopeia ocidental são derivados de plantas (Caufield, 1991). Nos EUA, aproximadamente 25% de todos os medicamentos sujeitos a receita médica contêm um ou mais compostos bioactivos derivados de plantas vasculares (Farnsworth & Morris, 1976; Farnsworth, 1985). Assim, o rastreio fitoquímico de espécies vegetais, especialmente de uso etnofarmacêutico, fornecerá informações de base valiosas na procura de novos produtos farmacêuticos. No entanto, menos de 10% das espécies vegetais do mundo foram examinadas quanto à presença de compostos bioactivos (Meyer, 1981). Por conseguinte, o rastreio de plantas antimicrobianas para novos agentes representa um enorme desafio e é importante, especialmente com o aparecimento de estirpes de doenças resistentes aos medicamentos. Nos últimos 10 anos, verificou-se um ressurgimento substancial do interesse e da procura da descoberta e desenvolvimento de produtos naturais, tanto no sector público como no privado. A explicação para este ressurgimento, possivelmente transitório ou pelo menos cíclico, pode incluir: a ciência cada vez mais sofisticada que pode ser utilizada nos processos de descoberta e desenvolvimento (Meyer *et al.,* 1997) e a ameaça muito real do desaparecimento da biodiversidade essencial para essa investigação. Só nas últimas duas décadas, aproximadamente, é que o interesse pelos agentes antimicrobianos das plantas superiores voltou a despertar em todo o mundo, e a literatura neste domínio está a tornar-se substancial.

PRINCIPAIS GRUPOS DE COMPOSTOS ANTIMICROBIANOS DE PLANTAS

As plantas têm uma capacidade quase ilimitada para sintetizar substâncias aromáticas, a maioria das quais são fenóis ou os seus derivados substituídos por oxigénio (Geissman, 1963). A maioria é secundária metabólitos, dos quais pelo menos 12.000 foram isolados, um número estimado em menos de 10% do total. Em muitos casos, estas substâncias funcionam como mecanismos de defesa das plantas contra a predação por microrganismos, insectos e herbívoros. Alguns, como os terpenóides, conferem às plantas o seu odor; outros (quinonas e taninos) são responsáveis pela pigmentação das plantas. Muitos compostos são responsáveis pelo sabor das plantas (por exemplo, o terpenóide capsaicina da malagueta), e algumas das mesmas ervas e especiarias utilizadas pelos humanos para temperar os alimentos produzem compostos medicinais úteis. Os fitoquímicos (palavra grega phyto que significa planta) são compostos químicos biologicamente activos que ocorrem naturalmente nas plantas e que proporcionam aos seres humanos benefícios para a saúde superiores aos atribuídos aos macronutrientes e micronutrientes (Hasler e Blumberg, 1999). Mais de 4.000 fitoquímicos foram catalogados e são classificados por função protetora, caraterísticas físicas e caraterísticas químicas (Meagher e Thomson, 1999). Os fitoquímicos acumulam-se em diferentes partes das plantas, como nas raízes, caules, folhas, flores, frutos ou sementes (Costa *et al.*, 1999; Okwu, 2005). As estruturas químicas gerais de várias categorias de fitoquímicos são apresentadas na figura 1. Os fitoquímicos antimicrobianos úteis divididos em várias categorias estão resumidos na Tabela 1.

Quadro 1: Caraterísticas estruturais e actividades de vários fitoquímicos de plantas (Tiwari *et al.*, 2011).

Phytochemicals	Structural features	Example(s)	Mechanism of action
Phenols and Polyphenols	C3 side chain, -OH groups, phenol ring	Catechol, Epicatechin, Cinnamic acid	Substrate deprivation Membrane distruption
Quinones	Aromatic rings, two ketone substitutions	Hypericin	Bind to adhesions, inactivate enzymes
Flavones	Phenolic structure,	Abyssinone	Binds to

Flavonoids Flavonols	one carbonyl group Hydroxylated phenols, C6-C3 unit linked to an aromatic ring Flavones + 3-hydroxyl group	Chrysin, Quercetin, Rutin Totarol	adhesions, inactivate enzymes, inhibit HIV reverse transcription
Tannins	Polymeric phenols (Mol. Wt. 500-3000)	Ellagitannin	Bind to adhesions, enzyme inhibition, substrate deprivation
Coumarins	Phenols made of fused benzene and α-pyrone rings	Warfarin	Interact with eukaryotic DNA
Terpenoids and essential oils	Acetate units + fatty acids, extensive branching and cyclized	Capsaicin	Membrane destruption
Alkaloids	Heterocyclic nitrogen compounds	Berberine, Piperine, Palmatine, Tetrahydropalmatine	Intercalate into cell wall and/ or DNA
Lectins and Polypeptides	Proteins	Mannose-specific agglutinin, Fabatin	Block viral fusion, forms disulfide bond

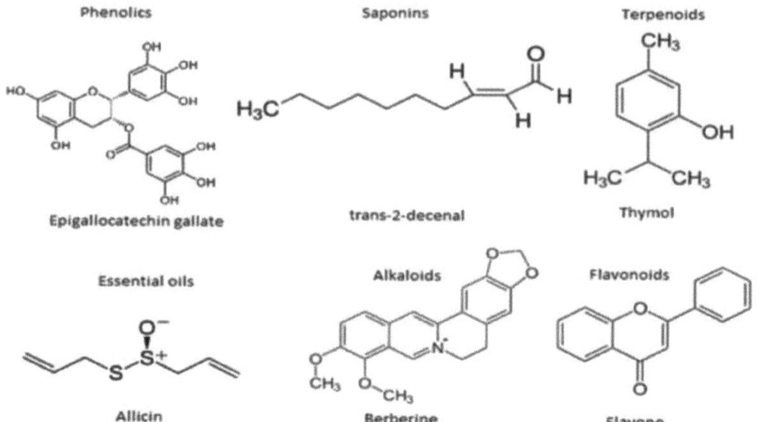

Figura 1: Estruturas químicas gerais de várias categorias de fitoquímicos.

POLIFENÓIS:

Os polifenóis são metabolitos secundários ubiquamente distribuídos em todas as plantas superiores, que desempenham papéis importantes na defesa contra agentes patogénicos das plantas e agressão de herbívoros animais e como resposta a várias condições de stress abiótico, como a precipitação e a radiação ultravioleta. No que respeita à estrutura química, compreendem uma grande variedade de moléculas com estrutura de polifenol e são geralmente divididas em flavonóides e não flavonóides. Os flavonóides partilham um esqueleto de carbono comum de difenil propanos, dois anéis de benzeno (anel A e B) unidos por uma cadeia linear de três carbonos. A cadeia central de três carbonos forma um anel pirano fechado (anel C) com um anel benzénico. Para além desta diversidade, os polifenóis estão presentes nos tecidos vegetais principalmente como glicosídeos e/ou associados a vários ácidos orgânicos e/ou como moléculas polimerizadas complexas com pesos moleculares elevados, como os taninos (D' Archivio *et al,* 2007 e Quideau *et al.,* 2011). Além disso, a atividade antimicrobiana dos polifenóis presentes em alimentos vegetais e plantas medicinais tem sido amplamente investigada contra uma vasta gama de microrganismos. Entre os polifenóis, os flavan-3-óis, flavonóis e taninos receberam a maior parte da atenção devido ao seu amplo espetro e maior atividade antimicrobiana em comparação com outros polifenóis, e ao facto de a maioria deles ser capaz de suprimir uma série de factores de virulência microbiana (tais como a inibição da formação de biofilme, a redução da adesão de ligandos do hospedeiro e a neutralização de toxinas bacterianas) e mostrar sinergismo com antibióticos. As propriedades antimicrobianas de certas classes de polifenóis foram propostas quer para desenvolver novos conservantes alimentares (Rodriguez *et al,* 2010) devido à crescente pressão dos consumidores sobre a indústria alimentar para evitar conservantes sintéticos, quer para desenvolver terapias inovadoras para o tratamento de várias infecções microbianas (Jayaraman *et al.,* 2010 & Saavedra *et al,* 2010), tendo em conta o aumento da resistência microbiana à terapia antibiótica convencional.

a) **Atividade antimicrobiana dos flavon-3-óis:** Considerando os flavan-3-óis, a atividade antibacteriana das catequinas é conhecida desde os anos 90, quando se demonstrou que estes compostos, largamente presentes no chá oolong e sobretudo no chá verde (*Camellia sinensis*), inibiam o crescimento in vitro de várias espécies bacterianas, como *Vibrio cholerae, Streptococcus mutans, Campilobacter jejuni, Clostridium perfringes* e *Escherichia coli* (Sakanaka *et al,* 1992; Borris, 1996 & Isogai *et al.,* 1998). Mais recentemente, foi demonstrado que algumas catequinas do chá, tais como galocatequina-3-galato, epigalocatequina-3-galato, catequina-3-galato e epicatequina-3-galato, são activas a níveis nanomolares contra algumas outras bactérias patogénicas de origem alimentar, tais como *Bacillus cereus.* A maioria destes compostos foi considerada mais ativa do que os antibióticos, como a tetraciclina ou a vancomicina, em concentrações comparáveis: isto sugere que as catequinas do chá testadas podem exercer um efeito positivo contra doenças gastrointestinais (Friedman *et al.,* 2006). Entre as catequinas do chá, o galato de epigalocatequina (EGCG) foi a que recebeu mais atenção e foi investigada mais profundamente nas suas actividades antibacteriana, antiviral e antifúngica. No que diz respeito à atividade antibacteriana, foram utilizados 56 isolados clínicos de *Helicobacter pylori*, um agente patogénico gástrico produtor de urease que pode contribuir para a formação de úlceras e cancro gástrico nos seres humanos, incluindo 19 isolados altamente resistentes ao metronidazol e/ou à claritromicina, para determinar a sua sensibilidade à EGCG in vitro (Yanagava *et al.,* 2003). Tal como referido anteriormente, as catequinas do chá são activas contra *E. coli* (Lee *et al.,* 2009). Também a atividade antiviral da EGCG foi descoberta na década de 1990. Verificou-se que a EGCG previne a infeção causada pelo vírus da gripe ligando-se à hemaglutinina viral, impedindo assim a ligação das partículas virais às células receptoras alvo (Nakayama *et al.,* 1993). A EGCG também apresentou actividades fungicidas variáveis dependentes do tempo e da concentração. Vários fungos, incluindo *a Candida albicans*, mostraram-se sensíveis a este composto, sugerindo que os flavan-3-óis podem ser úteis no tratamento de super-infecções por *C. albicans* das cavidades orais, intestino e vagina, que podem resultar de uma utilização excessiva de antibióticos (Hirasawa & Takada, 2004).

b)   **Atividade antimicrobiana dos flavonóis :** No que diz respeito aos flavonóis, podemos observar uma atividade notável contra várias bactérias Gram-positivas, como *Staphylococcus aureus, Lactobacillus acidophilus* e *Actinomyces naeslundii* e bactérias Gram-negativas, como *Prevotella oralis, Prevotella melaninogenica, Porphyromonas gingivalis* e *Fusobacterium nucleatum*, provavelmente devido a diferentes mecanismos de ação, entre os quais o mais convincentemente identificado é o efeito agregador em todas as células bacterianas (Cushnie *et al.*, 2007). Uma vez que a oportunidade de utilizar polifenóis como agentes terapêuticos é frequentemente limitada pela sua biodisponibilidade (Manach *et al*, 2004), é interessante salientar que, devido à sua hidrofobicidade, os flavonóis são capazes de penetrar nas membranas fosfolipídicas celulares, podendo assim exercer a sua atividade antibacteriana também no interior da célula. Além disso, a ramnetina resultou ser mais ativa do que a quercetina e a morina, provavelmente devido ao grupo metoxi no anel A, que torna esta molécula mais hidrofóbica (Alvesalo *et al.*, 2006). Investigações recentes também apontaram a atividade fungicida dos flavonóis. Foi demonstrado que a própolis, recomendada mundialmente para uso tópico externo por aliviar vários tipos de dermatites bacterianas e fúngicas, possuía atividade antifúngica (contra *Microsporum gypseum, Trichophyton mentagrophytes* e *Trichophyton rubrum)* e os principais responsáveis por esta atividade foram identificados como flavonóis (galangina, izalpinina e rhamoncitrina) (Aguero *et al.*, 2010).

c)   **Atividade antimicrobiana dos taninos:** Os taninos são subclassificados em proantocianidinas (taninos condensados) e em galotaninos e elagitaninos (taninos hidrolisáveis).

As proantocianidinas encontram-se nos frutos, na casca, nas folhas e nas sementes de muitas plantas. São dímeros, oligómeros e polímeros de catequinas ligadas entre si por ligações entre C4 e C8 (ou C6) e são compostas por uma miríade de produtos oligoméricos que diferem, em primeiro lugar, na região e na configuração estereoquímica das ligações de flavanol, em segundo lugar, no padrão de hidroxilação fenólica e, em terceiro lugar, na configuração do centro C3 do anel C hidroxilado do bloco de construção flavan-3-ol (Quideau *et al.*, 2011). Estas diferenças nas estruturas químicas tornam as investigações dirigidas às suas propriedades biológicas, ou às suas relações estrutura-atividade, bastante difíceis. As proantocianidinas mais estudadas são as derivadas de bagas que inibem o crescimento de várias bactérias patogénicas, como a *E. coli* uropatogénica, a *S. mutans* cariogénica e a *S. aureus* resistente à oxacilina (Brownlee *et al.*, 1990). Para além da atividade antibacteriana, as proantocianidinas mostraram efeitos antivirais contra o vírus da gripe A e o vírus do herpes simplex tipo 1 (HSV). Neste caso, o mecanismo de ação parece consistir em impedir a entrada do vírus na célula hospedeira, que é o primeiro passo crítico na infeção primária pelo HSV-1 (Cardellina *et al.,* 1993). Os elagitaninos, os principais compostos fenólicos dos géneros Rubus e Fragaria (framboesa, amora silvestre e morango) apresentam propriedades muito interessantes porque inibem, em diferentes graus, o crescimento de bactérias intestinais Gram-negativas selecionadas (estirpes de *Salmonella, Staphylococcus, Helicobacter, E. coli, Clostridium, Campylobacter* e *Bacillus),* mas não são activos contra bactérias Gram-positivas probióticas benéficas do ácido lático (Casley *et al.,* 1997). A atividade dos galotaninos é atribuível à sua forte afinidade pelo ferro e está também relacionada com a inativação de proteínas ligadas à membrana.

d) **Atividade antimicrobiana de compostos não flavonóides:** Tal como referido acima, os não flavonóides apresentam uma atividade antimicrobiana mais fraca em comparação com os flavonóides; no entanto, vale a pena mencionar algumas investigações. Alguns ácidos fenólicos (ácidos gálico, cafeico e ferúlico) apresentaram atividade antibacteriana contra bactérias Gram-positivas (*S. aureus* e *L. monocytogenes*) e Gram-negativas (*E. coli* e *Pseudomonas aeruginosa*). Verificou-se que estes compostos eram mais eficazes contra as bactérias referidas do que os antibióticos convencionais, como a gentamicina e a estreptomicina. Por outro lado, o ácido clorogénico não mostrou qualquer atividade contra bactérias Gram-positivas (Saavedra *et al.,* 2010).

UTILIZAÇÃO DE POLIFENÓIS COMO UMA NOVA ESTRATÉGIA PARA COMBATER A RESISTÊNCIA MICROBIANA EM COMBINAÇÃO COM MEDICAMENTOS ANTI-INFECCIOSOS:

Recentemente, considerando que os antibióticos são compostos biológicos produzidos por bactérias ou outros microrganismos e que são capazes de matar ou suprimir o crescimento e a reprodução de outras bactérias (Codell & Araujo, 1993), várias investigações propuseram que os polifenóis, metabolitos secundários desenvolvidos pelas plantas como estratégia de defesa contra insectos fitófagos, fungos ou bactérias, poderiam ser utilizados em combinação com antibióticos para potenciar a sua eficácia, reduzir a dose de antibióticos e, por conseguinte, reduzir as reacções adversas aos antibióticos (Critchfield *et al,* 1996 & De Cercq,1995). O efeito sinérgico in vitro de dois flavonóis (kaempferol e quercetina), em combinação com a rifampicina (um antibiótico macrocíclico complexo), foi demonstrado contra isolados clínicos de *S. aureus* resistentes à rifampicina e resistentes à meticilina (MRSA) (De Clercq, 1992). No que diz respeito ao mecanismo de ação, a quercetina e o kaempferol, por si só, mostraram uma ligeira inibição da 0-lactamase, mas quando combinados com a rifampicina, o complexo exibiu um bom efeito inibidor da 0-lactamase (57,8 e 75,8%, respetivamente). Muitos artigos referem que a EGCG actua em sinergia com vários antibióticos 0-lactâmicos contra o MRSA (Di Stasi, 1995 & Dixon *et al.*, 1983).

TERPENÓIDES E ÓLEO ESSENCIAL:

A fragrância das plantas é transportada na chamada quinta essentia, ou fração de óleo essencial. Estes óleos são metabolitos secundários altamente enriquecidos em compostos baseados numa estrutura de isopreno. São chamados terpenos, a sua estrutura química geral é $C H_{1016}$, e ocorrem como diterpenos, triterpenos e tetraterpenos (C20, C30 e C40), bem como hemiterpenos (C5) e sesquiterpenos (C15). Quando os compostos contêm elementos adicionais, geralmente oxigénio, são denominados terpenóides. Exemplos de terpenóides comuns são o metanol e a cânfora (monoterpenos) e o farnesol e a artemisina (sesquiterpenóides). A artemisina e o seu derivado a-arteether, também conhecido pelo nome qinghaosu, são atualmente utilizados como antimaláricos (Vishwakarma R.A., 1990). Os terpenenos ou terpenóides são activos contra bactérias (Tassou *et al.*, 1995; Taylor *et al.*, 1996; Barre *et al.*, 1997; Mendoza *et al.*, 1997 e Amaral *et al.*, 1998), fungos (Rao *et al.*, 1996 e Rana *et al.*, 1997), vírus (Fujioka e Kashiwada, 1994; Sun *et al.*, 1996 e Xu *et al.*, 1996) e protozoários (Vishwakarma, 1990 e Ghoshal *et al.*, 1996). Em 1977, foi referido que 60% dos derivados de óleos essenciais examinados até à data eram inibidores de fungos, enquanto 30% inibiam bactérias (Chaurasia & Vyas, 1971). Foi relatado que o óleo essencial de Gerânio apresenta uma forte atividade bactericida contra os uropatogénios, nomeadamente *Staphylococcus aureus e Proteus mirabilis,* apresentando assim uma justificação preliminar para a sua utilização terapêutica na infeção do trato urinário (Singh e Malik; 2010). O triterpenóide ácido betulínico é apenas um dos vários terpenóides que demonstraram inibir o VIH. O mecanismo de ação dos terpenos não é totalmente compreendido, mas especula-se que envolva a rutura da membrana pelos compostos lipofílicos. Um constituinte terpenoide, a capsaicina, tem uma vasta gama de actividades biológicas nos seres humanos, afectando os sistemas nervoso, cardiovascular e digestivo (Virus & Gebhurt, 1979), bem como a sua utilização como analgésico (Codell & Araujo, *et al.*, 1993). As provas da sua atividade antimicrobiana são variadas. Recentemente, Cichewicz e Thorpe (Cichewicz & Thorpe, 1996) descobriram que a capsaicina pode aumentar o crescimento da *Candida albicans*, mas que inibe claramente várias bactérias em diferentes graus. Embora possivelmente prejudicial para a mucosa gástrica humana, a capsaicina é também bactericida para a *Helicobacter pylori* (Jones *et al,* 1997). Outro diterpeno de sabor picante, o aframodial, de uma especiaria dos Camarões, é um antifúngico de largo espetro (Ayafor *et al,* 1994). Em 2015, Singh e

Srivastava relataram a propriedade antifúngica do extrato de folhas da planta *Calotropis procera*, relatando que o extrato etanólico de folhas contém fitol que mostra um efeito inibitório notável contra diferentes isolados de *Alternaria alternate*.

ALCALÓIDES:

Os compostos heterocíclicos de azoto são designados por alcalóides. O primeiro exemplo de um alcaloide com utilidade médica foi a morfina, isolada em 1805 da papoila do ópio *Papaver somniferum* (Fessenden & Fessenden, 1982); os alcalóides diterpenóides, habitualmente isolados das plantas da família Ranunculaceae, ou ranúnculo (Jones S.B. *et al,* 1986) (Rehman Atta- ur & Choudhary, 1995), têm geralmente propriedades antimicrobianas (Omulokoli *et al,* 1997).

LECTINAS E POLIPÉPTIDOS:

Os péptidos inibidores de microrganismos foram descritos pela primeira vez em 1942 (Balls *et al.,* 1942). São frequentemente carregados positivamente e contêm ligações dissulfureto (Zhang & Lewis, 1997). O seu mecanismo de ação pode ser a formação de canais iónicos na membrana microbiana (Terras *et al.,* 1993 e Zhang & Lewis, 1997) ou a inibição competitiva da adesão de proteínas microbianas aos receptores polissacáridos do hospedeiro (Sharon & Ofek, 1986). As tioninas são péptidos normalmente encontrados na cevada e no trigo e consistem em 47 resíduos de aminoácidos (Colilla *et al,* 1990 & Mendez *et al,* 1990). São tóxicas para as leveduras e as bactérias gram-negativas e gram-positivas (Fernandes *et al.,* 1972). A lectina de *Curcuma amarissima* inibiu o crescimento de 4 micróbios: *Bacillus subtilis, Candida albicans, Escherichia coli* e *Staphylococcus aureus*, respetivamente. Mas não pode inibir o crescimento *de Pseudomonas aeruginosa* porque a superfície da célula de *Pseudomonas aeruginosa* não tem ligandos polissacáridos que possam interagir com a lectina de *Curcuma amarissima* (Kheeree *et al.,* 2011). Em 2010, Petnual *et al.* purificaram a lectina *de Curcuma longa* e mostraram atividade antifúngica contra as três espécies de fungos fitopatogénicos testadas, *Exserohilum turicicum, Fusarium oxysporum* e *Colectrotrichum cassiicola,* 1991), a MAP30 do melão amargo, a GAP31 do *Gelonium multiflorum* (Lee Huang *et al.,* 1995) e a jacalina (Favero *et al.,* 1993), são inibidoras da proliferação viral (VIH, citomegalovírus), provavelmente através da inibição da interação viral com componentes críticos da célula hospedeira. Vale a pena sublinhar que moléculas e compostos como estes, cujo modo de ação pode ser a inibição da adesão, não serão detectados utilizando a maioria dos protocolos gerais de rastreio antimicrobiano de plantas, mesmo com o procedimento de fracionamento guiado por bioensaio (Lewis & Lewis, 1995 e Rinehart *et al.,* 1990) utilizado por químicos de produtos naturais. Trata-se de uma área da etnofarmacologia que merece atenção, para que os rastreios iniciais de plantas potencialmente farmacologicamente activas (descritos nas referências Borris, 1999; Clark, 1996 e Vlietinck & Berghe, 1991) possam ser mais úteis.

OUTROS COMPONENTES:

Descobriu-se que muitos fitoquímicos não mencionados acima exercem propriedades antimicrobianas. Esta revisão tentou concentrar-se em relatórios de produtos químicos que se verificou serem activos em várias instâncias. Deve ser mencionado, no entanto, que existem relatórios de propriedades antimicrobianas associadas a poliaminas (em particular espermidina), isotiocianatos (Durnberger *et al,* 1975 e Iwu, 1991), tiossulfinatos (Tada *et al,* 1988) e glucósidos (Rucker *et al,* 1992 e Murakami *et al,* 1993). Muito se tem escrito sobre os efeitos antimicrobianos do sumo de arando. Historicamente, as mulheres têm sido aconselhadas a beber o sumo para prevenir e mesmo curar infecções do trato urinário. No início dos anos 90, os investigadores descobriram que o monossacárido frutose presente nos sumos de arando e de mirtilo inibia competitivamente a adsorção de *E. coli* patogénica às células epiteliais do trato urinário, actuando como um análogo da manose (Zafrini *et al.,* 1989).

BENEFÍCIO TERAPÊUTICO DA FITOMEDICINA EM RELAÇÃO AOS MEDICAMENTOS SINTÉTICOS:

De acordo com a Organização Mundial de Saúde (OMS, 2001), a fitomedicina é definida como preparações à base de plantas produzidas submetendo materiais vegetais a extração, fracionamento, purificação, concentração ou outros processos físicos ou biológicos. Estas preparações podem ser produzidas para consumo imediato ou como base para outros produtos à base de plantas. Estes produtos vegetais podem conter ingredientes receptores ou inertes, para além dos ingredientes activos. Embora os medicamentos sintéticos ou químicos possam ter efeitos maiores ou mais rápidos do que os fitomedicamentos equivalentes, apresentam um grau mais elevado de efeitos secundários e de riscos. Por exemplo, os produtos psicofarmacológicos com ação sedativa e axiolítica são susceptíveis de ser acompanhados de efeitos secundários indesejáveis, como a descoordenação motora e a sonolência, mas os fitomedicamentos actuam no organismo regulando e equilibrando os seus processos vitais, em vez de parar ou combater determinados sintomas. O seu efeito equilibrador sobre o SNC evita perturbações e desequilíbrios mentais (Pamplona-Roger, 1999).

Os fitomedicamentos são muito úteis para as vias respiratórias, pois a sua ação não se limita a neutralizar os sintomas de uma doença, mas exercem uma verdadeira ação de limpeza do excesso de muco no interior das vias respiratórias. Contêm determinadas substâncias antibióticas que impedem o crescimento de bactérias no muco, como por exemplo *o Thymus vulgaris* (tomilho) e o *Allium sativum* (alho). Os fitomedicamentos têm uma vasta gama de utilizações terapêuticas e são adequados para tratamentos crónicos (Calixto, 2000). Os fitomedicamentos são bons suplementos alimentares, que são nutritivos e podem reabastecer o organismo. Por exemplo, as sementes de girassol *(Helianthus annus)* fornecem vitamina B6 (piridoxina), tal como referido por MacDougall, (2000). As actividades antimicrobianas dos fitomedicamentos, que são eficazes na cura de agentes patogénicos infecciosos humanos como *E.coli, Candida albicans, Staphylococcus aureus, Bacillus* sp. etc., foram investigadas por Okorondu *et al.*, 2010a,b,c e 2013. As acções da fitomedicina vão muitas vezes para além do tratamento sintomático de doenças, por exemplo; *a Hydrastis canadensis* não só tem propriedades antimicrobianas, como também promove uma atividade óptima do baço na libertação de compostos através do aumento do fluxo sanguíneo no baço, tal como referido por Murray, 1995. Finalmente, são geralmente menos dispendiosas do que os medicamentos sintéticos (Calixto, 2000).

CONCLUSÕES E PERSPECTIVAS FUTURAS

Cientistas de áreas divergentes estão a investigar plantas com vista à sua utilidade antimicrobiana. A procura é acompanhada por um sentimento de urgência, uma vez que o ritmo de extinção das espécies continua. Os laboratórios de todo o mundo encontraram literalmente milhares de fitoquímicos com efeitos inibitórios sobre todos os tipos de microrganismos *in vitro*. Mais destes compostos deveriam ser submetidos a estudos em animais e humanos para determinar a sua eficácia em sistemas de organismos inteiros, incluindo, em particular, estudos de toxicidade, bem como um exame dos seus efeitos sobre o microbiota normal benéfico. Seria vantajoso normalizar os métodos de extração e os testes in vitro para que a pesquisa pudesse ser mais sistemática e a interpretação dos resultados fosse facilitada. Além disso, os mecanismos alternativos de prevenção e tratamento de infecções devem ser incluídos nas análises iniciais das actividades. A rutura da adesão é um exemplo de uma atividade anti-infecciosa que não é habitualmente analisada atualmente. A atenção a estas questões poderia dar início a uma nova era, muito necessária, de tratamento quimioterapêutico das infecções, utilizando princípios derivados de plantas.

REFERÊNCIAS:

Agu" ero MB, Gonzalez M, Lima B, Svetaz L, Sa' nchez M, Zacchino S, Feresin GE, Schmeda- Hirschmann G, Palermo J, Wunderlin D, Tapia A. (2010).

Própolis argentina de exsudatos de Zuccagnia punctata Cav. (Caesalpinieae): caraterização fitoquímica e atividade antifúngica. J Agric Food Chem . 58:194-201.

Alvesalo J, Vuorela H, Tammela P, Leinonen M, Saikku P, Vuorela P. (2006). Efeito inibidor dos compostos fenólicos da dieta na Chlamydia pneumoniae em culturas celulares. Biochem Pharmacol . 71:735-741.

Amaral, J. A., A. Ekins, S. R. Richards, e R. Knowles. (1998). Effect of selected monoterpenes on methane oxidation, denitrification, and aerobic metabolism by bacteria in pure culture. Appl. Environ. Microbiol. 64:520- 525.

Atta-ur-Rahman e M. I. Choudhary. (1995). Diterpenoid and steroidal alkaloids. Nat. Prod. Rep. 12:361-379.

Ayafor, J. F., M. H. K. Tchuendem, e B. Nyasse. (1994). Novos diterpenóides bioactivos de *Aframomum aulacocarpos*. J. Nat. Prod. 57:917-923.

Balls, A. K., W. S. Hale, e T. H. Harris. (1942). Uma proteína cristalina obtida a partir de uma lipoproteína da farinha de trigo. Cereal Chem. 19:279-288.

Balzarini, J., D. Schols, J. Neyts, E. Van Damme, W. Peumans, e E. De Clercq. (1991). As lectinas vegetais específicas de a- (1,3)- e a-(1,6)-D-manose são marcadamente inibidoras das infecções pelo vírus da imunodeficiência humana e pelo citomegalovírus in vitro. Antimicrob. Agents Chemother. 35:410-416.

Barre, J. T., B. F. Bowden, J. C. Coll, J. Jesus, V. E. Fuente, G. C. Janairo, e C. Y. Ragasa. (1997). Um triterpeno bioativo de *Lantana camara*. Phytochemistry 45:321-324.

Borris R. P. (1996). Investigação de produtos naturais: perspectivas de uma grande empresa farmacêutica. J Ethnopharmacol. 51:29-38.

Brownlee, H. E., A. R. McEuen, J. Hedger, e I. M. Scott. (1990). Efeitos antifúngicos do tanino do cacau no patógeno da vassoura-de-bruxa *Crinipellis perniciosa*. Physiol. Mol. Plant Pathol. 36:39-48.

Calixto J. B. (2000). Guia de eficácia, segurança, controlo de qualidade, comercialização e regulamentação de medicamentos à base de plantas (agentes fitoterapêuticos). Revista Brasileira de Pesquisa em Medicina e Biologia, 33(2): 179-189.

Cardellina, J. H. I., M. H. G. Munro, R. W. Fuller, K. P. Manfredi, T. C. McKee, M. Tischler, H. R. Bokesch, K. R. Gustafson, J. A. Beutler e M. R. Boyd. (1993). Uma estratégia de rastreio químico para a desreplicação e priorização de extractos aquosos de produtos naturais inibidores do VIH. J. Nat. Prod. 56:1123-1129.

Casley-Smith, J. R., e J. R. Casley-Smith. (1997). Coumarin in the treatment of lymphoedema and other high-protein oedemas, p. 348. *Em* R. O'Kennedy e R. D. Thornes (ed.), Coumarins: biologia, aplicações e modo de ação. John Wiley & Sons, Inc., Nova Iorque, N.Y.

Chaurasia, S. C., e K. K. Vyas. (1977). Efeito in vitro de alguns óleos voláteis contra *Phytophthoraparasitica* var. *piperina*. J. Res. Indian Med. Yoga Homeopath. 1977:24-26.

Cichewicz, R. H., e P. A. Thorpe. (1996). As propriedades antimicrobianas da pimenta malagueta *(*espécie *Capsicum)* e a sua utilização na medicina Maia. J. Ethnopharmacol. 52:61-70.

Clark, A. M. (1996). Natural products as a resource for new drugs. Pharm. Res. 13.

Colilla, F. J., A. Rocher, e E. Mendez. (1990). Gamma-purothionins: sequência de aminoácidos de dois polipéptidos de uma nova família de tioninas do endosperma do trigo. FEBS Lett. 270:191-194.

Cordell, G. A., e O. E. Araujo (1993). Capsaicina: identificação, nomenclatura e farmacoterapia. Ann. Pharmacother. 27:330-336.

Cordell, G. A., e O. E. Araujo (1993). Capsaicina: identificação, nomenclatura e farmacoterapia. Ann. Pharmacother. 27:330-336.

Costa M. A, Zia Z. Q, Davin L. B, e Lewis N. G. (1999). Capítulo Quatro: Toward Engineering the Metabolic Pathways of Cancer- Preventing Lignans in Cereal Grains and Other Crops. In *Recent Advances in Phytochemistry, Phytochemicals in Human Health Protection, Nutrition, and Plant Defense*, ed. JT Romeo, Nova Iorque, 33: 67-87.

Cragg, G. M. & D. J. Newman. (2002). Drogas da natureza: realizações passadas, perspectivas futuras. Adv. Phytomedicine 1: 23-37.

Critchfield, J. W., S. T. Butera, e T. M. Folks. (1996). Inibição da ativação do VIH em células infectadas de forma latente por compostos flavonóides. AIDS Res. Hum. Retroviruses 12:39.

Cushnie TPT, Hamilton VES, Chapman DG, Taylor PW, Lamb AJ.(2007). Agregação de *Staphylococcus aureus* após tratamento com o flavonol antibacteriano galangina. J Appl Microbiol .103:1562-1567.

D'Archivio M, Filesi C, Di Benedetto R, Gargiulo R, Giovannini C, Masella R. (2007). Polifenóis, fontes alimentares e biodisponibilidade. Ann 1st Super Sanita'. 43:348-361.

De Clercq, E. (1992). Novas perspectivas para a quimioterapia de quimioprofilaxia da SIDA (síndrome da imunodeficiência adquirida). Verhandelingen .54:57-89.

De Clercq, E. (1995). Terapia antiviral para infecções pelo vírus da imunodeficiência humana. Clin. Microbiol. Rev. 8:200-239.

Di Stasi, L. C. (1995). Compostos amebicidas de plantas medicinais. Parassitologia .37:2939.

Dixon, R. A., P. M. Dey, e C. J. Lamb. (1983). Phytoalexins: enzimologia e biologia molecular. Adv. Enzymol. 55:1-69.

Dornberger, K., V. Bockel, J. Heyer, C. Schonfeld, M. Tonew, e E. Tonew. (1975). Estudos sobre os isotiocianatos erysolin e sulforaphan de *Cardaria draba*. Pharmazie 30:792-796.

extrato de *Xylopia aethiopica* (Dunal) A. Rich e *Zingiber officinal* Roscoe. Jornal Africano de Biotecnologia, 4 (8): 804-807

Farnsworth N. R. & Morris R.W. (1976). Plantas superiores - o gigante adormecido do desenvolvimento de medicamentos. American J. Pharm. 148:46-52.

Farnsworth, N. R. et al. (1985). Plantas medicinais na terapia. Bula. World Health Organ. 63(6): 965-981.

Favero, J., P. Corbeau, M. Nicolas, M. Benkirane, G. Trave, J. F. P. Dixon, P. Aucouturier, S. Rasheed, e J. W. Parker. (1993). Inibição da infeção pelo vírus da imunodeficiência humana pela lectina jacalina e por um péptido derivado que apresenta uma semelhança de sequência com a GP120. Eur. J. Immunol. 23:179-185.

Fernandes de Caleya, R., B. Gonzalez-Pascual, F. Garcia-Olmedo, e P. Carbonero.(1972). Suscetibilidade in vitro de bactérias fitopatogénicas às putetioninas do trigo. Appl. Microbiol. 23:998-1000.

Fessenden, R. J., e J. S. Fessenden. (1982). Organic chemistry, 2nd ed. Willard Grant Press, Boston.

Friedman M, Henika PR, Levin CE, Mandrell RE, Kozukue N. (2006). Actividades antimicrobianas de catequinas e teaflavinas do chá e extractos de chá contra *Bacillus cereus*. J Food Prot . 69:354361.

Fujioka, T., e Y. Kashiwada. (1994). Agentes antissida. 11. Ácido betulínico e ácido platânico como princípios anti-HIV de *Syzigium claviflorum*, e a atividade anti-HIV de triterpenóides estruturalmente relacionados. J. Nat. Prod. 57:243- 247.

Geissman, T. A. (1963). Compostos flavonóides, taninos, ligninas e compostos relacionados. *Em* M. Florkin e E. H. Stotz (ed.), Pyrrole pigments, isoprenoid compounds and phenolic plant constituents, vol. 9. Elsevier, New York, N.Y. 265.

Ghoshal, S., B. N. Krishna Prasad, e V. Lakshmi. (1996). Atividade antiamoébica dos frutos de *Piper longum* contra *Entamoeba histolytica* in vitro e in vivo. J. Ethnopharmacol. 50:167170.

Hasler C. M. e Blumberg J. B. (1999). Simpósio sobre Fitoquímicos: Biochemistry and Physiology. Journal of Nutrition, 129: 756-757.

Hirasawa M, Takada K.(2004). Efeitos múltiplos da catequina do chá verde na atividade antifúngica de antimicóticos contra *Candida albicans*. J Antimicrob Chemother . 53:225-229.

Isogai E, Isogai H, Takeshi K, Nishikawa T. (1998). Efeito protetor do extrato de chá verde japonês em ratos gnotobióticos infectados com uma estirpe de *Escherichia coli* O157:H7. Microbiol Immunol. 42:125-128.

Iwu, M. M., N. C. Unaeze, C. O. Okunji, D. G. Corley, D. R. Sanson e M. S. Tempesta. (1991). Antibacterial aromatic isothiocyanates from the essential oil of *Hippocratea welwitschii* roots. Int. J. Pharmacogn. 29:154- 158.

Jayaraman P, Sakharkar MK, Lim CS, Tang TH, Sakharkar KR.(2010). Atividade e interações de combinações de antibióticos e fitoquímicos contra *Pseudomonas aeruginosa* in vitro. Int J Biol Sci. 6:556-568.

Jones, N. L., S. Shabib, e P. M. Sherman. (1997). A capsaicina como inibidor do crescimento do agente patogénico gástrico *Helicobacter pylori*. FEMS Microbiol. Lett. 146:223-227

Jones, S. B., Jr., e A. E. Luchsinger. (1986). Plant systematics. McGraw- Hill Book Co., Nova Iorque, N.Y.

Kheeree, N., Sangvanich, P., e Karnchanatat, A. (2011). Actividades Antifúngicas e Antiproliferativas da Lectina dos Rizomas de *Curcuma amarissima* Roscoe. Bioquímica Aplicada e Biotecnologia.162: 912-925.

Lee KM, Kim WS, Lim J, Nam S, Youn M, Nam SW, Kim Y, Kim SH, Park W, Park S. (2009). Propriedades antipatogénicas do polifenol do chá verde epigalocatequina galato em concentrações abaixo do MIC contra *Escherichia coli* O157:H7 enterohemorrágica. J Food Prot . 72:325-331.

Lee-Huang, S., P. L. Huang, H. C. Chen, P. L. Huang, A. Bourinbaiar, H. I. Huang e H. F. Kung. (1995). Actividades anti-HIV e anti-tumorais da MAP30 recombinante do melão amargo. Gene (Amesterdão) 161:151-156.

Lewis, W. H., e M. P. Elvin-Lewis. (1995). Plantas medicinais como fontes de novas terapêuticas. Ann. Mo. Bot. Gard. 82:16-24.

Lopez A, Hudson JB, Towers GHN. (2001). Actividades antivirais e antimicrobianas de plantas medicinais colombianas. Journal of Ethnopharmacology. 77: 189-96.

Mac Dougall M. (2000). Estudos de baixa qualidade sugerem que o uso de vitamina B6 é benéfico na síndrome pré-menstrual. West Journal of Medicine; 172:4, 245

Malik T. e Singh P. (2010). Antimicrobial effect of essential oils against uropathogens with varying sensitivity to antibiotics. Jornal Asiático de Ciências Biológicas 3(2): 92-98.

Manach C, Scalbert A, Morand C, Remesy C, Jimenez L. (2004). Polifenóis: fontes alimentares e biodisponibilidade. Am J Clin Nutr .79:727-747.

Meagher E. e Thomson C. (1999). Vitamin and Mineral Therapy. Em Medical Nutrition and Disease, 2ª ed., G Morrison e L Hark, Malden, Massachusetts: Blackwell Science Inc: 3358.

Mendez, E., A. Moreno, F. Colilla, F. Pelaez, G. G. Limas, R. Mendez, F. Soriano, M.

Salinas, e C. De Haro. (1990). Estrutura primária e inibição da síntese proteica em sistema livre de células eucarióticas de uma nova tionina, gama-orotionina, do endosperma da cevada. Eur. J. Biochem. 194:533- 539.

Mendoza, L., M. Wilkens, e A. Urzua. (1997). Estudo antimicrobiano dos exsudados resinosos e dos diterpenóides e flavonóides isolados de algumas *Pseudognaphalium* chilenas (Asteraceae). J. Ethnopharmacol. 58:85-88.

Meyer, J. J. M., A. J. Afolayan, M. B. Taylor e D. Erasmus. (1997). Antiviral activity of galangin from the aerial parts of *Helichrysum aureonitens*. J. Ethnopharmacol. 56:165-169.

Moerman, D. E. (1996). Uma análise das plantas alimentícias e plantas medicinais da América do Norte nativa. J. Ethnopharmacol. 52:1-22.

Mulligen ME, Murry-Leisure KA, Ribner BS, Standiford HC, John JF, Karvick JA, Kauffman CA, Yu VL. (1993). *Staphylococcus aureus* resistente à meticilina. American Journal Of Medicine. 94: 313-28.

Murakami, A., H. Ohigashi, S. Tanaka, A. Tatematsu, e K. Koshimizu. (1993). Cianoglucósidos amargos de *Lophira alata*. Phytochemistry 32:1461-1466.

Murray M.(1995). *The Healing Power of Herbs (O poder curativo das ervas).* Prima Publishing. Rocklin, CA, 162-171.

Nakayama M, Suzuki K, Toda M, Okubo S, Hara Y, Shimamura T. (1993). Inibição da infecciosidade do vírus da gripe pelos polifenóis do chá. Antiviral Res. 21:289-299.

Okorondu S. I, Sokari T. G, Akujobi C. O, e Braide W. (2010). Propriedades fitoquímicas e antibacterianas da planta do caule de *Musa paradisiacal.* Revista Internacional de Ciências Biológicas, 2(3): 128- 132.

Omulokoli, E., B. Khan, e S. C. Chhabra.(1997). Atividade antiplasmódica de quatro plantas medicinais do Quénia. J. Ethnopharmacol. 56:133-137.

O'Neill, M. J. & J. A. Lewis. (1993). O renascimento da investigação de plantas na indústria farmacêutica. In, Kinghorn, A. D. & M. F. Balandrin (editores). Human medicinal agents from plants. 48-55.

Pamplona-Roger MD. (1999). *Enciclopédia de plantas medicinais.* Madrid (Espanha): editorial Safeliz, S.L. 1: 781

Petnual, P., Sangvanich, P., e Karnchanatat, A. (2010). Uma lectina dos rizomas da *curcuma (Curcuma longa* L.) e as suas actividades antifúngicas, antibacterianas e inibidoras da alfa-glucosidase. Ciência Alimentar e Biotecnologia.19: 907-916.

Piddock KJV, Wise R. (1981). Mecanismo de resistência às quinolonas e perspetiva clínica. Journal of antimicrobial chemotherapy. 23: 475-83.

Quideau S, Deffieux D, Douat-Casassus C, Pouysegu L. (2011). Polifenóis vegetais:

propriedades químicas, actividades biológicas e síntese. Chem Int Ed . 50:586-621.

Rana, B. K., U. P. Singh, e V. Taneja. (1997). Atividade antifúngica e cinética de inibição por óleo essencial isolado de folhas de *Aegle marmelos*. J. Ethnopharmacol. 57:29-34.

Rao, K. V., K. Sreeramulu, D. Gunasekar e D. Ramesh. (1993). Duas novas lactonas sesquiterpénicas de *Ceibapentandra*. J. Nat. Prod. 56:2041-2045.

Rinehart, K. L., T. G. Holt, N. L. Fregeau, P. A. Keifer, G. R. Wilson, T. J. Perun, Jr., R. Sakai, A. G. Thompson, J. G. Stroh, L. S. Shield e D. S. Seigler. (1990). Bioactive compounds from aquatic and terrestrial sources (Compostos bioactivos de fontes aquáticas e terrestres). J. Nat. Prod. 53:771-792.

RodrLguez Vaquero MJ, Aredes Ferna' ndez PA, Manca de Nadra MC, Strasser de Saad AM.(2010). Combinações de compostos fenólicos na viabilidade de *Escherichia coli* num sistema de carne. J Agric Food Chem . 58:6048-6052.

Rucker, G., S. Kehrbaum, H. Sakulas, B. Lawong, e F. Goeltenboth. (1992). Acetylenic glucosides from *Microglossa pyrifolia*. Planta Med. 58:266-269.

Saavedra MJ, Borges A, Dias C, Aires A, Bennett RN, Rosa ES, Simo~ es M.(2010). Atividade antimicrobiana de fenólicos e produtos de hidrólise de glucosinolatos e sua sinergia com estreptomicina contra bactérias patogénicas. Med Chem . 6:174-183.

Sakanaka SN, Shimura M, Aizawa MK, Yamamoto T. (1992). Efeito preventivo dos polifenóis do chá verde contra a cárie dentária em ratos convencionais. Biosci Biotechnol Biochem .56:592-594.

Schultes, R. E. (1978). O reino das plantas, p. 208. *Em* W. A. R. Thomson (ed.), Medicines from the Earth. McGraw-Hill Book Co., Nova Iorque, N.Y.

Sharon, N., e I. Ofek. (1986). Lectinas bacterianas de superfície específicas da manose. *Em* D. Mirelman (ed.), Microbial lectins and agglutinins. John Wiley & Sons, Inc., Nova Iorque, N.Y.55-82.

Singh P. e Srivastava D. (2015). Avaliação fungitóxica in-vitro e análise GCMS de *Calotropis procera*. Revista Mundial de Investigação Farmacêutica: 4(3).

Sun, H. D., S. X. Qiu, L. Z. Lin, Z. Y. Wang, Z. W. Lin, T. Pengsuparp, J. M. Pezzuto, H. H. Fong, G. A. Cordell e N. R. Farnsworth. (1996). Ácido Nigranóico, um triterpenóide de *Schisandra sphaerandra* que inibe a transcriptase reversa do HIV-1. J. Nat. Prod. 59:525-527.

Tada, M., Y. Hiroe, S. Kiyohara, e S. Suzuki. (1988). Constituintes nematicidas e antimicrobianos de *Allium grayi* Regel e *Allium fistulosum* L. var. *caespitosum*. Agric. Biol. Chem. 52:2383-2385.

Tassou, C. C., E. H. Drosinos, e G. J. E. Nychas. (1995). Efeitos do óleo essencial de menta (*Mentha piperita*) sobre *Salmonella enteritidis* e *Listeria monocytogenes* em sistemas alimentares modelo a 4° e 10°C. J. Appl. Bacteriol. 78:593- 600.

Taylor, R. S. L., F. Edel, N. P. Manandhar, e G. H. N. Towers. (1996). Actividades antimicrobianas de plantas medicinais do sul do Nepal. J. Ethnopharmacol. 50:97-102.

Terras, F. R. G., H. M. E. Schoofs, H. M. E. Thevissen, R. W. Osborn, J. Vanderleyden, B. P. A. Cammue, e W. F. Broekaert. (1993). Synergistic enhancement of the antifungal activity of wheat and barley thionins by radish and oilseed rape 2S albumins and by barley trypsin inhibitors. Plant Physiol. 103:1311-1319

Tiwari P., Kumar B., Kaur G., Kaur H. e Kaur M. (2011).Phytochemical screening and extraction. Int. Ciência Farmacêutica: 1(1).

Virus, R. M., e G. F. Gebhart. (1979). Pharmacologic actions of capsaicin: apparent involvement of substance P and serotonin. Life Sci. 25:1273-1284.

Vishwakarma, R. A. 1990. Síntese estereosselectiva de a-arteether a partir de artemisinina. J. Nat. Prod. **53**:216-217.

Vlietinck, A. J., e D. A. Vanden Berghe. (1991). Pode a etnofarmacologia contribuir para o desenvolvimento de medicamentos antivirais? J. Ethnopharmacol. 32:141-153

Xu, H. X., F. Q. Zeng, M. Wan, e K. Y. Sim. (1996). Ácidos triterpénicos anti-HIV de *Geum japonicum*. J. Nat. Prod. 59:643-645.

Yanagawa Y, Yamamoto Y, Hara Y, Shimamura TA.(2003). Efeito combinado do galato de epigalocatequina, um dos principais compostos das catequinas do chá verde, com antibióticos no crescimento da *Helicobacter pylori* in vitro. Curr Microbiol . 47:244-249.

Zafriri, D., I. Ofek, R. Adar, M. Pocino, e N. Sharon. (1989). Inhibitory activity of cranberry juice on adherence of type 1 and type P fimbriated *Escherichia coli* to eucaryotic cells. Antimicrob. Agents Chemother. 33:92-98.

Zhang, Y., e K. Lewis. (1997). Fabatinas: novos peptídeos antimicrobianos de plantas. FEMS Microbiol. Lett. 149:59-64.

ACTINOBACTÉRIAS E O SEU PAPEL NA PRODUÇÃO DE ANTIBIÓTICOS

Padma Singh, Pallavi Departamento de Microbiologia, Campus de Kanya Gurukul, Universidade de Gurukul Kangri, Haridwar (Uttarakhand)- 249407, Índia

***Correio eletrónico do autor correspondente:** <u>dr.padmasingh06@gmail.com</u>

RESUMO

Esta revisão resume brevemente os metabolitos bioactivos produzidos pelo grupo dos actinomicetos. O nome dos actinomicetos deve-se ao facto de alguns deles formarem filamentos ramificados que se assemelham às hifas ramificadas formadas pelos fungos. Os actinomicetes são geralmente designados por Actinobactérias. As actinobactérias são interessantes porque tendem a produzir metabolitos secundários, muitos dos quais foram isolados com sucesso e transformados em medicamentos úteis. Em particular, um número apreciável de Actinobactérias produz antibióticos, que utilizam para competir com fungos e outras bactérias pelos recursos.

Palavras-Chave : Actinobactérias, antibióticos, metabolitos

INTRODUÇÃO

Os actinomicetos são bactérias gram-positivas aeróbias, formadoras de esporos, pertencentes à ordem Actinomycetales, caracterizadas pelo crescimento em substrato e micélio aéreo (Lechevalier e Lechevalier, 1981). Apresenta uma elevada relação (G+C) do ADN (>55mol %), que estão filogeneticamente relacionados a partir da evidência de catalogação ribossómica 16S e estudos de emparelhamento ADN:ARNr (Goodfellow e Williams, 1983). Representa uma das maiores unidades taxonómicas entre as 18 principais linhagens atualmente reconhecidas no domínio das bactérias. O nome "Actinomicetos" deriva do grego "atkis" (um raio) e "mykes" (fungo), tendo caraterísticas tanto de bactérias como de fungos, mas possuindo, no entanto, caraterísticas distintivas suficientes para os delimitar no "Reino das bactérias". Os actinomicetos são potenciais produtores de antibióticos e de outros compostos com utilidade terapêutica. Os metabolitos secundários bioactivos produzidos pelos actinomicetos incluem antibióticos, agentes antitumorais, agentes imunossupressores e enzimas. Estes metabolitos são conhecidos por possuírem propriedades antibacterianas, antifúngicas, antioxidantes, neuritogénicas, anticancerígenas, antialgas, anti-helmínticas, antimaláricas e anti-inflamatórias. Apresentam uma série de ciclos de vida que são únicos entre os procariotas e parecem desempenhar um papel importante no ciclo da matéria orgânica no ecossistema do solo. Os actinomicetos provaram a sua capacidade de produzir uma variedade de metabolitos secundários bioactivos e, por esta razão, a descoberta de novas moléculas líderes antibióticas e não antibióticas através do rastreio de metabolitos secundários microbianos está a tornar-se cada vez mais importante.

Ocorrência e habitats de Actinomicetos:

1.   Solo: Os actinomicetos constituem um componente significativo da população microbiana na maioria dos solos. Estima-se que é comum obter contagens de actinomicetas superiores a 1 milhão por grama. Mais de vinte géneros foram isolados do solo. Os factores ambientais influenciam o tipo e a população de actinomicetos no solo. A maioria dos isolados de actinomicetos comporta-se como neutrófilo em cultura, com uma gama de crescimento de pH 5,0 a 9,0 e um pH ótimo de cerca de 7,0.

O pH é um fator ambiental importante que determina a distribuição e a atividade dos actinomicetes do solo. Os neutrófilos ocorrem em menor número em solos ácidos com pH inferior a 5,0, ao passo que os estreptomicetas acidófilos e acidodúricos são numerosos em solos ácidos. No entanto, há poucos relatos de que um estreptomiceto acidófilo a 9,5 foi isolado de um solo próximo de um lago salgado. A maioria dos actinomicetos comporta-se como mesófilos no laboratório, com uma temperatura óptima de crescimento de 25 a 30° C. Muitos actinomicetos mesófilos são activos no composto. No entanto, a capacidade de auto-aquecimento durante a decomposição proporciona frequentemente condições ideais para actinomicetos termófilos obrigatórios ou facultativos capazes de crescer a temperaturas superiores a 40° C.

Os actinomicetos desempenham um papel importante na decomposição de plantas e outros materiais, especialmente na degradação de polímeros complexos e relativamente recalcitrantes. Degradam a lenhina, a celulose e a lignocelulose. Há provas de que os actinomicetos estão envolvidos na degradação de muitos outros polímeros que ocorrem naturalmente no solo, como a hemicelulose, a pectina, a queratina, a quitina e o material da parede celular dos fungos. Os actinomicetos da rizosfera suprimem o crescimento de agentes patogénicos. Os isolados da rizosfera hidrolisam o amido. Alguns isolados da rizosfera podem sintetizar substâncias semelhantes à giberelina. Alguns actinomicetas produzem ácido indol acético em cultura e quando inoculados no solo. Os actinomicetos, em especial os Streptomyces, desempenham um papel importante nas interações antagonistas no solo. Os Streptomyces da rizosfera têm sido conhecidos como agentes de controlo de agentes patogénicos fúngicos das raízes. Podem ocorrer muitas interações antagonistas entre Streptomyces e fungos, para além dos antibióticos. A redução da incidência da infeção radicular tem sido correlacionada com um aumento do número de Streptomyces na rizosfera, que inibe o agente patogénico através da produção de antibióticos antifúngicos. As actinobactérias podem atuar como agentes de controlo biológico de doenças das plantas (Attwell e R.R, 1984).

2. Composto e materiais afins: Muitos actinomicetos mesófilos são activos no composto nas fases iniciais de decomposição. No entanto, a capacidade de auto-aquecimento durante a decomposição proporciona condições ideais para os actinomicetos termófilos obrigatórios ou facultativos. Alguns géneros como *Thermo-actinomycetes* e *Saccharomonospora* são estritamente termofílicos. Os actinomicetos termofílicos desenvolvem-se bem em estrume animal. Têm estado activos na fermentação de fezes de suínos, palha e desodorização de fezes de suínos.

As espécies de *Thermomonospora* crescem particularmente durante a segunda fase interior da preparação de estrume para o cultivo de cogumelos, enquanto *Streptomyces diastaticus* e *Thermo actinomyces vulgaris* predominam no composto gasto e vaporizado e na sua poeira. Foi demonstrado que *Thermomonosporacurvata* é ativo na decomposição de composto de resíduos municipais e produz celulose C1 e Cx termoestável. Os Actinoplanes e organismos relacionados são comuns em solos, rios e lagos e podem crescer em resíduos vegetais nos rios. Os *Micromonospora eram* considerados indígenas do ecossistema de água doce e desempenhavam um papel na transformação da celulose, da quitina e da lenhina. Vários trabalhadores confirmaram a presença de *Micromonospora* em sedimentos de riachos, rios e lagos. Os esporos de *Streptomycetes* estão também a ser continuamente arrastados para habitats de água doce e marinhos. Alguns investigadores afirmaram a existência de *estreptomicetas* aquáticos e o seu crescimento nos exosqueletos quitinosos de *Procambarusversutus* imersos num riacho de floresta. Os actinomicetos alteram o sabor e o odor da água potável, tornando-a intragável. O sabor e o odor a terra são causados por compostos como a geosmina e o metil iso-borneol, produtos produzidos por Streptomyces. Os detritos vegetais e animais nas margens da água podem fornecer substratos para o crescimento de actinomicetas e a produção de geosmina (Ayakkanu e Chandramohan, 1971).

3. Habitats marinhos: Os actinomicetos foram mencionados incidentalmente nos primeiros estudos sobre a comunidade microbiana dos habitats marinhos. Os procedimentos de isolamento seletivo e os testes de diagnóstico fiáveis não foram utilizados nesses estudos pioneiros. Há provas de que os actinomicetos constituem geralmente uma pequena fração da flora bacteriana nos habitats marinhos e que as contagens são baixas em comparação com as de locais terrestres e de água doce. Alguns trabalhadores consideraram os actinomicetos como fazendo parte de uma microflora marinha autóctone, enquanto outros os consideraram essencialmente como componentes de lavagem que apenas sobreviveram nos sedimentos marinhos e litorais sob a forma de esporos. Este último ponto de vista é apoiado pela observação de que o número de actinomicetas em habitats marinhos diminui com o aumento da distância da terra.

Foi sugerido que o isolamento de organismos de locais marinhos muito afastados das possibilidades de contaminação terrestre poderia ser utilizado como prova de uma origem marinha, mas é agora evidente que os endosporos de *Thermoactinomyces podem* ser transportados a distâncias muito longas pelas correntes oceânicas. Verificou-se que sedimentos recolhidos a 4920 metros de profundidade no Oceano Atlântico, a 500 milhas de terra, continham um pequeno número de termoactinomicetas. (Okami e (Okazaki,1978) observaram que os actinomicetos estavam amplamente distribuídos no ambiente marinho. Foi registada a ocorrência de *Streptomyces, Nocardia* e *Micromonospora* que crescem em algas marinhas mortas e em lâminas de contacto suspensas no mar. O estudo da distribuição de actinomicetos nos sedimentos depende da profundidade a que as amostras são recolhidas. A melhor fonte marinha de actinomicetos é o sedimento e *também* foram registados na água, areia, rochas, marisco, plantas marinhas, sedimentos de mangais e sedimentos profundos.

Foi relatado que os actinomicetos de origem marinha decompõem ágar, alginatos, celulose, quitina, óleo e outros hidrocarbonetos. Também foram implicados na decomposição de madeira submersa em água do mar. (Atlas, 1981) incluiu os géneros *Arthrobacter, Brevibacterium,*

Corynebacterium e *Nocardia* são alguns dos microrganismos importantes na degradação de hidrocarbonetos de petróleo em habitats aquáticos. Foi demonstrado que os actinomicetas degradam a celulose, o amido e a lenhina na água do mar em condições laboratoriais (Cross, 1981).

Esboço taxonómico do filo Actinobacteria

Os actinomicetos são tradicionalmente classificados como parte das bactérias. No Manual de Bacteriologia Determinativa de Bergey, os actinomicetos estão incluídos em várias secções do volume quatro. Todos os actinomicetos estão incluídos na ordem Actinomycetales. A ordem Actinomycetales está dividida em quatro famílias - Streptomycetaceae, Actinomycetaceae, Actinoplanaceae e Mycobacteriaceae (Williams *et al.*, 1989). O "Bergey's Manual of Systematic Bacteriology- 2nd edition" para a classificação dos actinomicetos tem cinco volumes, que contêm nomes e descrições internacionalmente reconhecidos de espécies de bactérias. A classificação dos actinomicetos foi reorganizada da seguinte forma

Manual de Bacteriologia Sistemática de Bergey

Volume 1   Volume 2   Volume 3   Volume 4   Volume 5

(2001)   (2005)   (2009)   (2011)   (2012)

Volume.1: As Archaea e as bactérias profundamente ramificadas e fototróficas.

Volume.2: As Proteobactérias.

Volume.3: Os Firmicutes.

Volume 4: Bacteroidetes, Spirochaetes, Tenericutes (Mollicutes), Acidobacteria, Fibrobactres, Fusobacteria,

Volume.5: As Actinobactérias

No volume 5, o filo Actinobacteria está dividido em 6 classes, nomeadamente Actinobacteria, Acidimicrobiia, Coriobacteriia, Nitriliruptoria, Rubrobacteria e Thermoleophilia. A classe das actinobactérias divide-se ainda em 16 ordens, nomeadamente Actinomycetales, Actinopolysporales, Bifidobacteriales, Catenulisporales, Corynebacteriales, Frankiales, Glycomycetales, Jiangellales, Kineosporiales, Micrococcales, Micromonosporales, Propionibacteriales, Pseudonocardiales, Streptomycetales, Streptosporangiales e Incertaesedis. As famílias Actinomycetaceae (da ordem Actinomycetales) e Streptomycetaceae (da ordem Streptomycetales) incluem os actinomicetas, com os quais este tratado se preocupa principalmente (Goodfellowet *al*, 2012). Os actinomicetos também foram classificados em vários grupos com base em parâmetros bioquímicos. Com base no principal constituinte da parede celular, foram identificados quatro grupos de actinomicetas (Lechevalier e Lechevalier, 1970).

Novas abordagens no isolamento de Actinomicetos:

A experiência tem demonstrado que a descoberta de produtos naturais importantes e anteriormente desconhecidos ocorre quando são utilizados novos sistemas de rastreio. O isolamento de actinomicetos da microflora mista presente na natureza é complicado devido ao seu crescimento lento caraterístico em relação ao de outras bactérias do solo. Existem cinco fases básicas para o isolamento de actinomicetos industrialmente importantes.

1.   Escolha do substrato: Foi registado o isolamento de actinomicetos de água doce e de ambiente marinho. Deve haver algumas diferenças entre os organismos existentes em ambientes marinhos e terrestres. No decurso do rastreio de actinomicetos isolados de zonas marinhas pouco profundas, alguns actinomicetos antagonistas, como os actinomicetos produtores de xantomicina, foram isolados com mais frequência do que em solos terrestres. Verificou-se que poucos destes actinomicetos são novos e produzem novos antibióticos ou substâncias biologicamente activas em condições especialmente concebidas. Assim, o isolamento de actinomicetos de áreas marinhas dá-nos outra fonte para encontrar novos actinomicetos e novos antibióticos.

2.   Tratamento de reaquecimento: Pré-tratamento que permite o isolamento seletivo de um componente de actinomicetos normalmente considerado raro ou ausente nos solos. Um exemplo é a técnica de reidratação aplicada à folhada de habitats de água doce, que produziu muitos actinoplanetas e o novo género 'Cupolomyces'. Os esporos aéreos da maioria dos actinomicetos resistem geralmente à dessecação e apresentam uma maior resistência ao calor húmido ou seco. Estes tratamentos com temperaturas suaves reduzem significativamente o número de bactérias Gram-negativas. A secagem e os tratamentos térmicos suaves, associados a meios selectivos, podem produzir actinomicetos bioactivos bem separados, isolados de sedimentos marinhos.

pré-tratamento como o aquecimento a seco, meios de cultura especializados e longos períodos de incubação para isolar novas espécies de *Actinomadura, Microbispora, Micro tetraspora, Streptosporangium, Thermom- onospora* e *Thermoactinomyces*. Muitos antibióticos são testados contra uma gama de actinomicetas, bactérias e fungos que representam tipos encontrados no solo. Destes, a nistatina (50 mg/ml), a acetidiona (50 mg/ml), o sulfato de polimixina B (5 mg/ml) e a penicilina de sódio (1 mg/ml) são geralmente selecionados para incorporação num meio de caseína de amido para obter um crescimento seletivo de actinomicetos em placas de diluição do solo.

Recentemente, as diferenças de sensibilidade aos antibióticos foram utilizadas para aumentar a seletividade dos meios para determinados actinomicetos. Assim, a tetraciclina ou os seus derivados foram utilizados para o isolamento de *Nocardia* spp., a novobiocina para *Thermoactinomycetes* spp. e a rubomicina, a bruneomicina, a estreptomicina, a canamicina e a rifampicina para *Actinomadura* spp. a novobiocina para *Thermoactinomycetes* spp. e a rubomicina, a bruneomicina, a estreptomicina, a canamicina e a rifampicina para *Actinomadura* spp.

3.   Meios selectivos: Os produtos químicos bacteriostáticos e fungistáticos, como o fenol e o propionato de sódio, foram incorporados nos meios de isolamento para suprimir o crescimento de bactérias e bolores e, assim, favorecer os actinomicetos. No entanto, estas alterações, em concentrações admissíveis, permitem frequentemente o crescimento de contaminantes e, a níveis mais elevados, podem também suprimir os actinomicetas. O ágar quitina com sais minerais é mais eficaz do que o ágar sem sais minerais para isolar actinomicetos da água. O ágar quitina mostrou uma seletividade superior à de outros meios para isolar actinomicetos da água e do solo (Carlsen *et al.*, 1996).

4.   Incubação: A maioria dos actinomicetos produtores de antibióticos cresce melhor entre 25 e 30° C. Os termófilos são incubados a 40 a 45° C e os psicrófilos a 4 a 10° C. Os tempos de incubação das placas de isolamento são geralmente de 7 a 14 dias. Tempos de incubação mais longos têm sido frequentemente ignorados devido ao facto de os actinomicetos de crescimento lento serem candidatos inadequados para a fermentação económica. No entanto, o crescimento precoce de algumas espécies de bactérias pode modificar o ambiente nutritivo da placa de isolamento através do fornecimento de factores de crescimento. Para o isolamento de novos actinomicetos, o período de incubação pode ser prolongado por um mês.

5.   Seleção da colónia: A seleção de uma colónia é o método que consome mais tempo. Depende dos objectivos do programa de rastreio. Poderá haver uma grande duplicação das colónias. Para o isolamento de microrganismos, devem ser utilizadas formas mais racionais. Atualmente, a maioria dos investigadores seleciona as colónias candidatas utilizando um estereomicroscópio e transferindo o crescimento com a ajuda de um bastão de madeira pontiagudo. Podem distinguir-se e selecionar-se colónias minúsculas e as pontas de madeira ásperas transportam esporos ou fragmentos de hifas suficientes para uma transferência bem sucedida. O local de recolha de amostras, o conhecimento do metabolito secundário de um isolado, as técnicas de enriquecimento objectivas e as formulações objectivas de meios de cultura conduziriam ao isolamento de isolados novos e potenciais (Collins *et al*, 1995).

Papel dos Actinomicetos como potenciais produtores de antibióticos

Os actinomicetos são o pilar da indústria de antibióticos e desempenham um papel significativo na produção de uma variedade de medicamentos extremamente importantes para a nossa saúde e nutrição (Magarvey *et al.*, 2004). A procura de novos antibióticos eficazes contra bactérias patogénicas multirresistentes é atualmente uma área importante da investigação sobre antibióticos. Observou-se que os produtos naturais com estruturas novas possuem actividades biológicas úteis (Dancer, 2004). Embora estejam a ser feitos progressos consideráveis nos domínios da síntese química e da biossíntese por engenharia de compostos antibacterianos, a natureza continua a ser a fonte propícia mais rica e mais versátil para novos antibióticos. Embora milhares de antibióticos tenham sido descobertos até hoje, apenas alguns deles são úteis para os seres humanos e os animais, devido à sua toxicidade. Para ultrapassar este problema, está em curso a procura de novos antibióticos que sejam mais eficazes e não tenham efeitos secundários tóxicos. Outro grande problema no sector da saúde é o da resistência aos antibióticos. O rápido aparecimento de resistência aos medicamentos entre as bactérias patogénicas, especialmente as bactérias multirresistentes, sublinha a necessidade de procurar novos antibióticos (Alanis, 2005; Sharma *et al*, 2011). Uma abordagem para resolver este problema é a procura de novos antibióticos com um novo mecanismo de ação. A maioria dos antibióticos é derivada de microrganismos, especialmente das espécies actinomicetas (Berdy, 1995).

Sabe-se que quase 80% dos antibióticos do mundo provêm de actinomicetos, principalmente dos géneros *Streptomyces* e *Micromonospora* (Jensen *et al.*, 1991; Hassan *et al*, 2011). Entre os actinomicetos, cerca de 7600 compostos são produzidos por espécies de *Streptomyces*. Muitos destes metabolitos secundários são antibióticos potentes, o que fez dos *estreptomicetos os* principais organismos produtores de antibióticos explorados pela indústria farmacêutica (Jensen *et al*, 2007; Ramesh *et al*, 2009). A capacidade dos membros do género Streptomyces para produzir compostos comercialmente significativos, especialmente antibióticos, permanece insuperável, possivelmente devido ao complemento de ADN extragrande destas bactérias (Kurtboke, 2012). Nas últimas 5 décadas, foram descobertos mais de 12.000 antibióticos. Os actinomicetos produziram cerca de 70% deles e os restantes 30% são produtos de fungos filamentosos e bactérias não actinomicetas (Zhu *et al*, 2001). Os antibióticos dos actinomicetos dividem-se em várias classes estruturais importantes, como os amino-glicosídeos (por exemplo, estreptomicina e canamicina) (Nanjawade *et al.,* 2010), as ansamicinas (por exemplo rifampicina) (Floss e Yu, 1999), antraciclinas (p. ex., doxorrubicina) (Kremer e Van Dalen, 2001), 0-lactâmicos (cefalosporinas), macrólidos (p. ex., eritromicina) e tetraciclina (Harvery e Champe, 2009). As estirpes de *Streptomyces* produziram muitos dos antibióticos conhecidos pelos seres humanos em resultado da sua competição com outros microrganismos do solo. Aparentemente, estes organismos produzem antibióticos para matar potenciais concorrentes (Laskaris *et al,* 2010). Um dos primeiros antibióticos utilizados é a estreptomicina produzida por *Streptomyces griseus* (Schatz *et al,* 2005). De facto, diferentes espécies de *Streptomyces* produzem cerca de 75% dos antibióticos comercialmente e medicamente úteis. Forneceram mais de metade dos antibióticos naturais descobertos até à data e continuam a ser objeto de rastreio de compostos úteis. No decurso do rastreio de novos antibióticos, vários estudos são orientados para o isolamento de *Streptomycetes* de diferentes habitats. A capacidade das culturas de *Streptomyces* para formar antibióticos não é uma propriedade fixa, mas pode ser grandemente aumentada ou completamente perdida sob diferentes condições de nutrição e cultura (Waksman, 1962) e, por conseguinte, a constituição do meio juntamente com a capacidade metabólica do organismo produtor afectam grandemente a biossíntese de antibióticos. Os actinomicetos antagonistas produzem uma variedade de antibióticos que variam em natureza química, em ação antimicrobiana, em toxicidade para os animais e nas suas potencialidades quimioterapêuticas. Os antibióticos que foram isolados até agora dos Actinomicetos variam no grau de purificação. Alguns são preparações brutas, enquanto outros foram cristalizados, tendo sido obtidas informações consideráveis sobre a sua natureza química. Incluem-se: lisozima de actinomicetos, actinomicina, micromonosporina, estreptotricina, estreptomicina e micetina. Alguns actinomicetos produzem mais do que uma substância antibiótica (por exemplo, *Streptomyces griseus)*, bem como o mesmo antibiótico pode ser produzido por diferentes espécies de actinomicetos (por exemplo, actinomicina, estreptotricina). Um determinado antibiótico pode, portanto, ser idêntico, mesmo quando produzido por actinomicetos diferentes, como demonstrado pela sua composição química e espetro antibiótico (Waksman *et al,* 2010).

Biotecnologia e importância dos actinomicetas: A atenção dada aos actinomicetos em aplicações biotecnológicas é um resultado natural da grande diversidade metabólica destes organismos e da sua longa associação com o ambiente. Os actinomicetas são um grupo único de organismos entre os procariotas com diferentes caraterísticas morfológicas, culturais, bioquímicas e fisiológicas. Este grupo é um potencial produtor de substâncias antimicrobianas, inibidores de enzimas, imunomodificadores, enzimas e substâncias promotoras de crescimento para plantas e animais (Collins *et al.*, 1995).

1.   Antibióticos: Os actinomicetos são conhecidos como a maior fonte de antibióticos. Dois terços dos antibióticos actuais são obtidos a partir de actinomicetos. Os antibióticos importantes dos actinomicetos incluem antraciclinas, aminoglicosídeos, b-lactâmicos, cloranfenicol, macrólidos, tetraciclinas, nucleósidos, péptidos e poliéteres. Até 1974, os antibióticos de origem actinomiceta estavam quase exclusivamente confinados aos *Streptomyces*. Recentemente, foram feitos esforços para explorar actinomicetos raros como *Actinomadura, Actinoplanes, Ampullariella, Actinosynnema* e *Dactylosporangium* para a procura de novos antibióticos. O rastreio orientado para o alvo está a ser utilizado para o rastreio de actinomicetos produtores de antibióticos. As técnicas de biologia molecular contribuíram em grande escala para a descoberta de novos antibióticos a partir de actinomicetos. A importância dos actinomicetos na biossíntese industrial estimulou muitos aspectos da investigação fundamental sobre estes microrganismos (Cross, 1981).

2.   Transformação de xenobióticos: A transformação de xenobióticos é definida como a modificação estrutural de componentes estranhos ao metabolismo de um organismo, que ocorrem no seu ambiente químico. As reacções mais caraterísticas na transformação de xenobióticos são as reacções oxidativas, redutivas, hidrolíticas, de desidratação e de condensação. A capacidade dos actinomicetos para realizar uma variedade de conversões microbianas de compostos orgânicos é um fator importante nos complicados processos de biodegradação de poluentes no solo e na água.

Os membros dos géneros *Nocardia* e *Streptomyces* têm a capacidade de realizar modificações químicas altamente selectivas de compostos complicados de origem natural e sintética. Verificou-se que as estirpes *de Nocardia* degradam hidrocarbonetos aromáticos por hidroxilação. Os actinomicetos têm a capacidade de hidroxilar cadeias alifáticas de hidrocarbonetos na posição terminal e subterminal, seguida de encurtamento das cadeias transformadas. Os actinomicetos são capazes de degradar certos pesticidas. O herbicida dalapon, ácido 2,2-dicloropropiónico, foi degradado por estirpes de *Nocardia* isoladas do solo.

3.   Imunomodificadores: Foram isolados compostos de baixo peso molecular a partir de filtrados de culturas de actinomicetos, que melhoram as respostas imunitárias. Estes agentes são designados por imunomodificadores. Os inibidores de enzimas localizadas na superfície das células envolvidas na imunidade podem ligar-se a essas células e aumentar as respostas imunitárias. A bestatina de *Streptomyces* olivoreticuli, a amastatina de *Streptomyces* species ME 98-M-3 e a fenicina de Streptomyces lavendulae aumentaram as respostas imunitárias em ratinhos. Os agentes imunossupressores, como o FR-900506, comunicados pela empresa farmacêutica Fujisawa, produzidos por *Streptomyces tsukubaensis* sp. Nov. mostram uma inibição mais forte da produção de interleucina-2, da reação mista de linfócitos, do interferão, das células T citotóxicas e da indução do fator C de ativação plaquetária (Drouin e Cooper, 1992).

4. Biossurfactante: Um biossurfactante é definido como uma molécula tensioactiva produzida por células vivas, principalmente por microrganismos. O termo biossurfactante tem sido utilizado para se referir a qualquer composto sintetizado por microrganismos com alguma influência nas interfaces. A avaliação dos biossurfactantes é efectuada através de medições da tensão superficial. Na literatura, os termos tensioativo e emulsionante são frequentemente utilizados de forma indistinta.

Os biossurfactantes têm muitas vantagens em relação aos seus homólogos sintetizados quimicamente. São altamente específicos, menos tóxicos e biodegradáveis. São eficazes em condições extremas de temperatura, pH e salinidade. São fáceis de sintetizar a partir de matérias-primas mais baratas e renováveis. Os actinomicetos desempenham um papel importante na produção de bioemulsionantes. *Os trealosedimicolatos* produzidos por *Rhodococcus erythropolis* foram amplamente estudados por Wagner e o seu grupo (Fiechter, 1992).

5. **Inibidores de enzimas:** Os actinomicetos sintetizam inibidores enzimáticos de baixo peso molecular. Umezawa registou o primeiro inibidor enzimático de baixo peso molecular, através de um

estirpe de *estreptomicetos*. Desde então, foram registados mais de 60 inibidores, incluindo as leupreptinas, que inibem a papaína, a plasmina e a tripsina. A antipaína inibe a papaína, a quimotripsina, a tripsina e a catepsina B. Os inibidores enzimáticos estão a encontrar possíveis utilizações no tratamento do cancro. Por exemplo, a revistina, um inibidor enzimático de espécies de *Streptomyces,* inibe a transcriptase reversa. A estreptonigrina e a retrostatina sintetizadas por *Streptomyces* inibem a transcriptase reversa. A alistragina, presente nos filtrados de cultura de *Streptomyces roseoviridis*, inibe a carboxipeptidase *B. A fosforamida,* que inibe as metalo-proteases, é produzida por *S. tanashiensi* (Goodfellow *et al.,* 1988).

Enzimas presentes nos Actinomicetos:

1.   **Enzima amilase:** As a-amilases são enzimas que degradam o amido e que catalisam a hidrólise das ligações internas a-1,4-O-glicosídicas dos polissacáridos, retendo nos produtos uma configuração anomérica a-. A maioria das a-amilases são metaloenzimas, que requerem iões de cálcio (Ca^{2+}) para a sua atividade, integridade estrutural e estabilidade. Pertencem à família 13 (GH-13) do grupo de enzimas hidrolases de glicosídeos. As a-amilases são uma das enzimas industriais mais importantes, com uma grande variedade de aplicações que vão desde a conversão de amido em xaropes de açúcar até à produção de ciclodextrinas para a indústria farmacêutica. Estas enzimas representam cerca de 30 % da produção mundial de enzimas. A família das a-amilases pode ser dividida, grosso modo, em dois grupos: as enzimas hidrolisantes do amido e as enzimas modificadoras do amido ou transglicosilantes.

A hidrólise enzimática é preferida à hidrólise ácida na indústria de transformação do amido devido a uma série de vantagens, tais como a especificidade da reação, a estabilidade dos produtos gerados, a menor necessidade de energia e a eliminação das etapas de neutralização. Devido à procura crescente destas enzimas em várias indústrias, existe um enorme interesse no desenvolvimento de enzimas com melhores propriedades, tais como amilases de degradação do amido bruto adequadas para aplicações industriais e as suas técnicas de produção rentáveis.

2.   **Enzima lipase:** As lipases fazem parte da família das hidrolases que actuam nas ligações éster carboxílico. A função natural das lipases é hidrolisar os triglicéridos em diglicéridos, monoglicéridos, ácidos gordos e glicerol. As lipases estão amplamente distribuídas pelos reinos vegetal e animal, bem como em bolores e bactérias. Para além das lipases, as ligações de ésteres carboxílicos podem ser hidrolisadas por esterases.

3.   **Enzimas termoestáveis/alcalofílicas:** A importância das lipases termoestáveis para diferentes aplicações tem vindo a crescer rapidamente. A maioria dos estudos realizados até à data foram efectuados com produtores mesófilos. Muitas lipases de mesófilos são estáveis a temperaturas elevadas. As proteínas de organismos termófilos provaram ser mais úteis para aplicações biotecnológicas do que proteínas semelhantes de termófilos devido à sua estabilidade. A termoestabilidade do biocatalisador permite uma temperatura de

funcionamento mais elevada, o que é claramente vantajoso devido a uma maior reatividade (maior taxa de reação, menores restrições difusionais), maior estabilidade, maior rendimento do processo (maior solubilidade de substratos e produtos e deslocamento de equilíbrio favorável em reacções endotérmicas), menor viscosidade e menos problemas de contaminação.

Estas vantagens superam alguns inconvenientes decorrentes de requisitos mais rigorosos em termos de materiais, de uma inativação pós-reação mais difícil e de restrições no caso de substratos ou produtos lábeis. Os biocatalisadores termoestáveis são, por conseguinte, muito atractivos. As enzimas termoestáveis podem ser obtidas a partir de organismos mesófilos e termofílicos; mesmo os psicrófilos possuem algumas enzimas termoestáveis.

Os termófilos representam uma fonte óbvia de enzimas termoestáveis, sendo razoável supor que esse carácter conferirá às suas proteínas uma elevada estabilidade térmica. Isto é certamente verdade, como pode ser apreciado no caso de várias enzimas biotecnologicamente relevantes das bactérias arqueas hipertermófilas *Pyrococcusfuriosus* e *Thermotoga*.

4. **Enzima gelatinase:** Em biologia e química. A gelatinase é uma enzima proteolítica que permite a um organismo vivo hidrolisar a gelatina nos seus subcompostos (polipéptidos, péptidos e aminoácidos) que podem atravessar a membrana celular e ser utilizados pelo organismo. Trata-se da pepsina. As formas de gelatinases são expressas em várias bactérias, incluindo *Pseudomonas aeruginosa* e *Serratia marcescens*. Nos seres humanos, os genes para as gelatinases são MMP2 e MMP9 (Baig *et al.*, 1984).

5. **Enzima quitinase:** As quitinases têm um potencial imenso. As enzimas quitinolíticas têm uma vasta gama de aplicações, tais como a preparação de quitoligossacarídeos e N-acetil d-glucosamina importantes do ponto de vista farmacêutico, a preparação de proteínas unicelulares, o isolamento de protoplastos de fungos e leveduras, o controlo de fungos patogénicos, o tratamento de resíduos quitinosos e o controlo da transmissão da malária. Nesta revisão, discutimos a ocorrência e a estrutura da quitina, os tipos e as fontes de quitinases, o seu modo de ação, a produção de quitinases, bem como a clonagem molecular e a engenharia de proteínas de quitinases e as suas aplicações biotecnológicas (Bordbar *et al.*, 2005).

REFERÊNCIAS

Alanis, A.J., 2005. Resistance to Antibiotics: Are We in the Post Antibiotic Era? Arch Med Res. 36, pp.697-705.

Atlas, R.M., 1981. Degradação microbiana de hidrocarbonetos de petróleo: uma perspetiva ambiental. *Microbiological reviews, 45(1)*, pp.180.

Attwell, R.W. e R.R. Colwell, 1984. Thermoactinomycetes as terrestrial indicators for estuarine and marine waters. In: Biological, biochemical and biomedical aspects of actinomycetes (L. Ortiz - Ortiz e L.F. Bojalil, eds.) *Academic Press Inc.* pp. 441-472.

Ayakkanu, K. e Chandramohan.D., 1971.Ocorrência e distribuição de bactérias solubilizadoras de fosfato e fosfatase em sedimentos marinhos em Portonovo.*Mar Biol.* 11, pp. 201205.

Baltz R.H., 2006. Marcel Faber Roundtable, Is our antibiotic pipeline unproductive because of starvation, constitution or lack of inspiration? *J of Indus Microbiol and Biotechnol.*33, pp.50713.

Bérdy J., 1995. Estarão os Actiomycetes esgotados como fonte de metabolitos secundários? Em Biotehnologija, Proc. 9th Int. Symp. On the Biology of Actinomycetes, Moscow 1994, editado por Debabov VG, Dudnik YV, Danilenko V. All-Russia Scietific Research Institute. pp.13-34.

Bull A.T., 2007. Stach JE. Marine actinobacteria: new opportunities for natural product search and discovery. Trends Microbiol.15, pp.491-9.

Carlsen, M., Nielsen, J. e Villadsen, J., 1996. Crescimento e produção de a-amilase por Aspergillusoryzae durante culturas contínuas. *Journal of Biotechnology, 45*(1), pp.81-93.

Collins, C.H., Lyne P.M. e Grange J.M., 1995. Microbiological methods.7th edition, Butterworth Heinemann Ltd. London.

Cross, T., 1981. Aquatic actinomycetes: a critical survey of the occurrence, growth and role of actinomycetes in aquatic habitats. *Journal of applied Bacteriology, 50(3)*, pp.397-423.

Dancer, S.J., 2008. The effect of antibiotics on methicillin-resistant Staphylococcus aureus (O efeito dos antibióticos no Staphylococcus aureus resistente à meticilina). *Journal of Antimicrobial Chemotherapy, 61(2)*, pp.246-253.

Floss H.G, Yu TW, 1999. Lições do grupo de genes biossintéticos da rifamicina. *Curr Opin Chem Biol.* 3, pp.592.

Goodfellow M, Kampfer P, Busse HJ, Trujillo ME, Suzuki K, Ludwig W, Whitman WB, 2012. Esboço taxonómico do filo Actinobacteria.In:Whitman WB Editor. Bergey's Manual of Systematic Bacteriology, 2ª edição. Nova Iorque: Springer 1-2024.

Harvery R.A, ChampePC., 2009. Em: Lippincott's Illustrated Reviews: Farmacologia. 4a ed. Filadélfia: Lippincott, Williams and Wilkins .

Hassan A.A, El-Barawy AM, Mokhtar El, Nahed M., 2011 Avaliação de compostos biológicos de espécies de Streptomyces para controlo de algumas doenças fúngicas. *J Am Sci.* 7, pp.752-60.

Jensen P.R, Dwight R, Fenical W., 1991. Distribuição de actinomicetos em sedimentos marinhos tropicais próximos da costa. *App and Environ Microbiol.* 57, pp. 1102.

Jensen P.R, Williams PG, Oh DC, Zeigler L, Fenical W., 2007. Produção de metabolitos secundários específicos de cada espécie em actinomicetos marinhos do género Salinispora. *Appl Environ Microbiol.* 73, pp.1146-52.

Kremer L.C, van Dalen EC, Offringa M, et al., 2001. Insuficiência cardíaca clínica induzida por antraciclina numa coorte de 607 crianças: estudo de acompanhamento a longo prazo. *J Clin Oncol.19,* pp.191-6.

Kurtboke D.I., 2012. Biodiscovery from rare actinomycetes: an ecotaxonomical perspective. *Appl Microbiol Biotechnol.* 93, pp.1843-52.

Laskaris P, Tolba S, Calvo-Bado L, Wellington EM., 2010. Coevolução da produção de antibióticos e contra-resistência em bactérias do solo. *Environ Microbiol.* 12, pp.783-96.

Lechevalier M.P, Lechevalier H., 1970. Composição química como critério de classificação dos Actinomicetos Aeróbios. *Int J Syst Bacteriol.* 20, pp.435-43.

Magarvey N.A, Keller JM, Berman V, Dworkin M, Sherman DH, 2004. Isolamento e caraterização de novos taxa de actinomicetos de origem marinha ricos em metabolitos bioactivos. *Appl Environ Microbial.* 70, pp.75209.

Nanjawade B.K, Chandrashekhara S, Ali MS, Prakash SG, FakirappaVM., 2010. Isolamento e caraterização morfológica de Actinomicetos produtores de antibióticos.*Trop J Pharm Res.* 9, pp.231-6.

Pelaez F., 2006. O fornecimento histórico de antibióticos a partir de produtos naturais microbianos - a história pode repetir-se? *BiochemPharmacol.* 71, pp.98190.

Ramesh S, Rajesh M, Mathivanan N., 2009. Caracterização de uma protease alcalina termoestável produzida por Streptomyces fungicidicus marinho MML1614.Bioprocess Biosyst Eng. 32, pp.791-800.

Schatz A, Bugie E, Waksman SA, 2005. Estreptomicina, uma substância que exibe atividade antibiótica contra bactérias gram-positivas e gram-negativas.1944. *Clin Orthop Relat Res.* 437, pp.3-6.

Sharma D, Kaur T, Chadha BS, Manhas RK, 2011. Atividade antimicrobiana de actinomicetos contra *Staphylococcus aureus* multirresistente, *E. coli* e vários outros agentes patogénicos. *Trop J Pharm Res.* 10, pp.801-8.

Waksman S.A. 1962. The actinomycetes Classification, identification and description of genera and species Vol 2. Baltimore:Williams& Wilkins Co.

Waksman S.A, Schatz A, Reynolds DM, 2010. Produção de substâncias antibióticas por actinomicetos. *Ann NY Acad Sci.* 1213, pp.112-24.

Zhu M, Burman WJ, Jaresko GS, Berning SE, Jelliffe RW, Peloquin CA, 2001.Population pharmacokinetics of intravenous and intramuscular streptomycin in patients with tuberculosis.Pharmacotherapy.21, pp.1037-45.

PERSPECTIVAS DOS MEDICAMENTOS À BASE DE ESPECIARIAS NA ERA QUIMIOTERAPÊUTICA

Padma Singh*e Surbhi Kaushik

Departamento de Microbiologia, Campus de Kanya Gurukul, Universidade de Gurukul Kangri, Haridwar, (Uttarakhand)-249407, Índia

***E-mail do autor correspondente: <u>drpadmasingh06 @gmail.com</u>**

Introdução

Os microrganismos estão a tornar-se resistentes aos antibióticos de dia para dia devido à utilização excessiva de antibióticos, o que tornou necessária a procura de novas formas eficientes e económicas para o controlo de doenças infecciosas. Muitos estudos revelaram que as especiarias e as plantas medicinais constituem uma excelente fonte para o isolamento de fármacos activos, por exemplo, a emetina, que tem sido utilizada há muito tempo para o tratamento da malária e de outras doenças, foi isolada a partir de plantas, tal como a quinina, utilizada para o tratamento da amebíase e de outras doenças, foi isolada a partir de plantas, tal como a quinina, utilizada para o tratamento da malária, foi isolada a partir da casca da árvore de *cinchona officinalis* (Cowan ,1999). O tema das plantas medicinais é um campo de estudo científico muito ativo em todo o mundo. As plantas medicinais são uma parte importante da história, cultura e tradição humanas. As especiarias são produtos de árvores tropicais e subtropicais, arbustos caracterizados por odores e sabores altamente pungentes. A palavra "especiaria" desperta as papilas gustativas e dá prazer à mente. O nome especiaria deriva da palavra espiões, que era aplicada a grupos de alimentos exóticos na Idade Média.

História

A utilização de especiarias remonta ao início da história e a maior parte das especiarias que utilizamos hoje em dia eram conhecidas da antiga civilização da Índia, da China, do Egito e da Grécia, de Roma, das Índias Orientais e do resto do mundo antigo. Na Índia, mais de 2600 espécies de plantas foram consideradas úteis no sistema tradicional de medicina como Ayurveda, Unani, Siddha e remédios caseiros. Os medicamentos que eram utilizados há milhares de anos atrás estão a ser utilizados atualmente para curar alguns tipos de doenças

(Ambasta, 1994). O Rig Veda, talvez o mais antigo repositório do conhecimento humano, tendo sido escrito cerca de 4500-1600 a.C., fala de 99 plantas medicinais. O Atharva veda trata de 288 plantas (129 segundo o Dr. Udupa), quase todas têm ingredientes medicinais e eram utilizadas para curar doenças mortais (Kaushik e Dhiman, 1999).

Propriedades das especiarias

As especiarias com sabores fortes e pungentes foram utilizadas no passado não só na culinária, mas também na conservação de alimentos antes do anúncio da refrigeração. As plantas medicinais são uma excelente fonte de novos agentes medicamentosos que servem de base para o tratamento de doenças, tanto na medicina tradicional como na moderna, e continuam a desempenhar um papel crucial nos cuidados de saúde primários de muitas culturas (Fransworth *et al.,* 1985; Kong *et al.*, 2003). Durante séculos, as plantas medicinais têm sido utilizadas em todo o mundo para o tratamento e prevenção de várias doenças, particularmente nos países em desenvolvimento onde as doenças infecciosas são endémicas e as instalações de saúde modernas são inadequadas. Noutros locais, muitos fármacos potentes foram purificados a partir de plantas medicinais, incluindo compostos antimaláricos, antidiabéticos e antibacterianos (Samine *et al.*,2005).

Os medicamentos derivados de plantas estão a tornar-se cada vez mais populares na sociedade moderna como alternativas naturais aos produtos químicos sintéticos. A maioria dos países em vias de desenvolvimento adoptou a prática medicinal tradicional como parte integrante da sua sociedade (Kaushik, 1988; Fransworth e Soejarto, 1991). Os produtos naturais e os seus derivados (incluindo os antibióticos) representam mais de 50% de todos os medicamentos em uso clínico no mundo (OMS, 1993). Exemplos bem conhecidos de medicamentos derivados de plantas incluem a quinina, a morfina, a codeína, as colchicinas, a atropina, a resperina e a digaseína. Recentemente, novos medicamentos anticancerígenos, como o taxol de taxus e a vincristina, foram desenvolvidos a partir de plantas como *Catharanthus roseus* (sinónimo de *vinca* rosea).

As provas anedóticas e a utilização tradicional das plantas como medicamento fornecem a base para indicar quais os óleos essenciais e extractos de plantas que podem ser úteis para condições medicinais específicas. Historicamente, muitos extractos de plantas e óleos essenciais. Como a árvore-do-chá, a mirra e o cravinho, têm sido utilizados como anti-sépticos tropicais ou têm sido referidos como tendo propriedades antimicrobianas (Lis-Balchins *et al,* 1998; Hammer *et al.*,1998). As propriedades antimicrobianas dos óleos essenciais derivados de muitas plantas foram reconhecidas empiricamente durante séculos, mas só recentemente foram confirmadas cientificamente (Deans e Ritchie, 1987).

Importância das especiarias e dos medicamentos à base de plantas

A quimioterapia com antibióticos foi uma das mais importantes conquistas médicas do século XX. Esta terapia é amplamente praticada para o tratamento de várias doenças, sendo responsável por cerca de metade de todas as mortes nos países tropicais. Quase todos os antibióticos actuais com utilidade clínica foram identificados durante o "período dourado" da descoberta, entre as décadas de 1940 e 1960, quando foi introduzido um programa de rastreio empírico para identificar agentes antibacterianos pela sua capacidade de inibir o crescimento bacteriano (Chopra *et al.,* 1997; Knowles, 1997). O desenvolvimento subsequente destes antibióticos, ou de agentes deles derivados, produziu uma redução impressionante do peso da doença imposta pela infeção microbiana.

A pesquisa de antibióticos (ou seja, metabolitos secundários com valor farmacêutico e produzidos por microrganismos como bactérias, fungos e actinomicetos durante a sua fase estacionária de crescimento) começou no final do século XIX com a descoberta da penicilina por Alexander Fleming em 1928

(Prescott *et al.,* 2005). Nessa altura, Fleming avisou que a utilização excessiva de penicilina poderia levar ao aparecimento de formas resistentes de bactérias. Nos últimos anos, a prevalência da resistência antimicrobiana entre os principais agentes patogénicos microbianos, como *Staphylococcus aureus, Sterptococcus pneumonia, Klebsiella, Neisseria, Moraxella* e *Enterococcus faecalis,* está a aumentar a um ritmo alarmante em todo o mundo.

O uso excessivo de medicamentos antimicrobianos comerciais habitualmente utilizados no tratamento de doenças infecciosas, no transplante de órgãos, em cateteres intravenosos e nas actuais epidemias de infeção pelo VIH levou ao desenvolvimento destas estirpes microbianas resistentes (Gonzalez *et al.,* 1996; Singer *et al,* 2003; Aliero e Afolayan, 2006). *O Staphylococcus aureus* resistente à meticilina (MRSA) está amplamente distribuído nos hospitais e está a ser altamente isolado de estirpes infecciosas adquiridas na comunidade. *A Klebsiella pneumoniae* e a *Escherichia coli* produtoras de 0-lactamase de espetro alargado (ESBL) estão também a representar uma grande ameaça à utilização de muitas classes de antibióticos, em especial as cefalosporinas da nova era (Shukla *et al,.*2004). *O Pneumococcus* resistente à penicilina *e o Streptococcus faecalis* resistente aos macrólidos (VRE) são agentes patogénicos comuns que estão a revelar-se difíceis de tratar eficazmente, uma vez que são agora resistentes à maioria dos medicamentos conhecidos, incluindo quinolonas, macrólidos, inibidores da parede celular, etc, (Cohen,1992; Levy, 1992; Concepcion et al.,1994; Davis, 1994; Service ,1995;Gold e Moellering, 1996; Pfaller *et al.,*1998; Sakagami *et al.,*1998; Jones *et al.,*1999; Bosia *et al.,*2000; Chopra *et al.,*2002; Cole, 2003 ; Ferreira *et al.,*2004).

Uma consequência mais problemática é o aparecimento de resistência a múltiplos medicamentos, por exemplo, as estirpes de Mycobacterium tuberculosis (MDRTB), bactérias Gram-negativas resistentes a múltiplos medicamentos (Swartz, 1994; Baquero, 1997; Russell, 2002). A resistência a múltiplos fármacos protege as células microbianas dos antimicrobianos sintéticos e naturais (Stermitz *et al.*,2000). Assim como os efeitos secundários de certos antibióticos e o aparecimento de infecções anteriormente pouco frequentes constituem um grave problema médico (Marchese e Shito, 2001)

Em suma, muitos antibióticos já não podem ser utilizados para o tratamento de infecções causadas por esses organismos e a ameaça à utilização de outros medicamentos está a aumentar constantemente (Courvalin, 1996; Nikaido, 1998; OMS, 2000; Allsop e Illingwort, 2002).

Pormenor das diferentes especiarias

Durante a Idade Média, as especiarias eram consideradas medicamentos importantes, mas atualmente são relativamente poucas as que se encontram nos medicamentos oficiais e são utilizadas principalmente para conferir um sabor agradável a medicamentos que de outra forma seriam desagradáveis. Algumas têm propriedades anti-sépticas e carminativas.

Para além das suas utilizações culinárias, as especiarias são utilizadas como agentes aromatizantes em bebidas, como ingredientes activos na medicina ayurvédica, como agentes corantes para têxteis e como constituintes importantes em produtos cosméticos e de perfumaria. As especiarias estimulam o apetite e aumentam o fluxo de sucos gástricos e, por esta razão, são frequentemente designadas como "acessórios" ou "adjuntos" alimentares. Aumentam a taxa de transpiração, tendo assim um efeito refrescante no corpo. As propriedades aromatizantes, conservantes e anti-sépticas de algumas destas especiarias devem-se principalmente à presença de óleos voláteis, mas ocasionalmente devem-se a outras substâncias aromáticas, como os alcalóides, como na pimenta. Algumas especiarias importantes são as seguintes :

Adrak(Gengibre)

Zingiber officinale

Família -Zingiberaceae

Os rizomas de gengibre são quimicamente complexos. A composição da fração volátil consiste principalmente em sesquiterpenóides. O aroma caraterístico do gengibre é devido ao óleo avolátil (óleo de gengibre), enquanto o sabor picante se deve à presença de uma oleorresina não volátil, a gingerina. Os principais constituintes do óleo de gengibre são o zingibereno, o zingiberol, o chavicol, o cineol, o geraniol, o c-canfeno e o d-0-felandreno. A fração não volátil do gengibre; a oleorresina, gingerina, contém compostos como o gingerole, a zingerona e o shogaol.

Utilizações medicinais

As suas propriedades medicinais são apropriadas há séculos. Na medicina ayurvédica, o gengibre é chamado "o grande medicamento" e é geralmente utilizado para tratar uma série de doenças. Os rizomas ou extractos frescos ou secos são ingredientes importantes de estomacais e tónicos para tratar a dispepsia e a náusea. É também utilizado para tratar a inflamação osteoarticular, a mialgia, o espasmo muscular, a nevralgia e a adontalgia. O extrato de gengibre tem sido extensivamente estudado para uma vasta gama de actividades biológicas, incluindo analgésicos, anticonvulsivos, antitumorais, antifúngicos, antiespasmódicos, antialérgicos, antioxidantes (Kikuzaki e Nakatani, 1993), etc. Na Índia, é utilizado para a constipação comum.

Chotti Elaichi (cardamomo pequeno)

Elettaria cardamomum Moton

Família -Zingiberaceae

O cardamomo é uma erva folhosa perene. O fruto da planta é uma cápsula de três células que contém até 18 sementes castanhas (Agaoglu *et al.,* 2005)

Componentes químicos

As sementes contêm óleo essencial numa concentração de cerca de 4% do peso seco. O principal composto é o 1,8 cineol (representando 50% ou mais) com quantidades menores de um terpineol, borneol cânfora, limoneno, um acetato de terpenilo e um pineno (miyazawa e kameoka, 1975; piperibattesti *et al,* 1988; agaoglu *et al,* 2005).

Importância medicinal

As sementes são amplamente utilizadas como especiaria desde a antiguidade, mas são também um importante remédio ayurvédico, afrodisíaco e em caso de problemas digestivos, dores de estômago, flatulência, asma, bronquite e problemas urinários, sendo utilizadas contra o mau hálito, a tosse e as náuseas.

Tejpat (Folhas), Dalchini (Casca)

Cinnamomum tamala

Família-lauraceae

A casca do caule da canela é delicadamente perfumada e ligeiramente doce.

Componentes químicos

O óleo essencial extraído das folhas contém principalmente monoterpenóides, incluindo felandreno e 78% de eugenol (Dighe *et al,* 2005), linalol e alguns vestígios de a-pineno, p-cimeno, 0-pineno e limoneno, fenilpropanóides .

Importância medicinal

O cinamomo era utilizado na China como medicamento para aliviar náuseas, febre, diarreia, nevralgia, dores de cabeça e problemas menstruais. É utilizado como um antissético que ajuda a matar bactérias, fungos e vírus. A utilização da preparação de cinamomo produziu uma melhoria da candidíase oral do paciente infetado com VIH (Prabusrenivasan *et al, 2006~).*

Açafrão-da-terra (Haldi)

Curcuma longa:

Família: Zingiberaceae

O açafrão-da-terra comercial é o rizoma seco e transformado da *Curcuma longa.* A curcuma é uma das espécies indianas mais importantes e antigas e um artigo de exportação tradicional. A curcuma é uma erva tropical perene, robusta, com um bolbo de rizoma central ou principal espessado, com vários rizomas cilíndricos primários, secundários ou mesmo terciários. Os seus rizomas e folhas são utilizados.

Componentes químicos

Os rizomas contêm curcumina, zingberina, p-tolimetil, carbinol (em óleo) e curcuminóides (Chopra *et al,* 1956 e 1969). O seu odor almiscarado caraterístico deve-se à presença de óleo essencial (5-6%), cujos principais constituintes são a d-a-felandrina, o d-sabineno, o cineo, o bomeal, a zingiberina e os sesquiterpenos. A coloração é devida à curcumina.

Importância médica

Os seus rizomas são aromáticos, estimulantes, carminativos alternativos, depurativos do sangue, antiperiódicos e tónicos. Externamente, são aplicados em entorses e em feridas. O sumo fresco dos rizomas é considerado anti-helmíntico e é utilizado como antifrástico em muitas infecções cutâneas. A sua decocção é utilizada na conjuntivite purulenta. As folhas são utilizadas como ingrediente para preparações estomacais (Asolkar *et al*, 1920). O seu óleo essencial obtido da folha possui atividade antimicrobiana contra algumas bactérias (Iyengar *et al.*, 1995). No pênfigo e no herpes-zóster, a parte afetada é primeiro untada com uma camada espessa de óleo de mostarda e polvilhada com curcuma em pó. Isto cura a doença em 2 a 4 dias (Behal *et al*, 1993). É utilizada para ajudar a digestão, como tóxico e como purificador do sangue. Cozido com leite e açúcar, é tomado como remédio para a constipação comum. O açafrão-da-terra em pó e a água são utilizados em cosméticos. O óleo de curcuma, obtido por destilação a vapor da curcuma seca, é utilizado como agente aromatizante e também em perfumes.

Pimenta preta (Kali mirch)

Piper nigrum

Família - Piperaceae

Ainda hoje, a pimenta é a mais importante de todas as especiarias em termos de comércio mundial. A verdadeira pimenta provém dos frutos de uma trepadeira perene lenhosa de folha perene. É também conhecida como o rei das especiarias.

Componentes químicos

O aroma caraterístico da pimenta deve-se à presença de um óleo volátil (presente principalmente nas células do pericarpo), enquanto a pungência é causada pela fração não volátil da oleorresina e por vários alcalóides. A peprina é o principal alcaloide, representando 4,5 a 8,0 por cento. Outros alcalóides são bastante importantes, mas ocorrem em quantidades extremamente pequenas.

Importância medicinal

A pimenta preta faz parte dos remédios da medicina ayurvédica, siddha e unani na Índia. O livro siríaco de medicamentos do século 5th prescreve pimenta para doenças como a obstipação, diarreia, dor de ouvidos, gangrena, doenças cardíacas, abcessos orais, queimaduras solares, cáries e dores de dentes (Turner p.160). [th]Várias fontes a partir do século XX também recomendam a pimenta para tratar problemas oculares, muitas vezes através da aplicação de pomadas ou cataplasmas feitos de pimenta diretamente nos olhos.

Cardamomo (Badi Ilayachi)

Amomum subulatum

Família - Zingiberaceae

Os frutos do *Amomum subulatum* são castanho-escuros, obovóides e trivalvulados, com numerosas sementes grandes em cada compartimento. As sementes são unidas por uma polpa pegajosa e açucarada. As propriedades das sementes são bastante semelhantes às do cardamomo verdadeiro.

Componentes químicos

As sementes contêm 3% de um óleo essencial, que é dominado pelo 1, 8 - cineol (mais de 70%). Foram também registadas quantidades menores e variáveis de limoneno, terpineno, terpineol, acetato de terpinilo e sabineno.

Importância médica

Os frutos secos do cardamomo constituem o medicamento. As sementes do cardamomo contêm um óleo volátil. O aroma e as propriedades medicinais do cardamomo devem-se ao seu óleo volátil. Na medicina chinesa, este óleo é utilizado para tratar perturbações do estômago e malária.

As sementes em pó de cardamomo misturadas com uma colher de sopa de folha de bananeira e sumo de Amla são um excelente remédio e diurético para o tratamento da gonorreia, cistite, nefrite, ardor ao urinar e micção escassa. As folhas de chá e as sementes de cardamomo em pó são fervidas em água e podem ser utilizadas como remédio no tratamento da depressão.

O gargarejo com uma infusão feita de cardamomo e canela cura eficazmente a dor de garganta, a faringite, relaxa a úvula ou a parte cónica carnuda na parte de trás da língua e a rouquidão durante a fase infecciosa da gripe. O seu gargarejo diário protege-nos da gripe. Para a indigestão, as sementes de cardamomo moídas, misturadas com gengibre, cravinho e coentros, são um remédio muito útil para a dor de cabeça causada pela indigestão, um chá feito de cardamomo é valioso. O sabor aromático do cardamomo é um ótimo refrescante bucal.

Cominhos (Zeera)

Cuminum cyminum

Família - Apiaceae

Os cominhos são as sementes secas da erva *Cuminum cyminum.* A planta de cominho cresce até 30-50 cm (1-2 pés) de altura.

Componentes químicos

Os frutos secos, vulgarmente designados por sementes de cominho, têm um forte odor agradável e distintivo e um sabor amargo quente devido à presença de óleo volátil, cujo principal constituinte é o aldeído de cominho, que varia entre 35 e 60 por cento. Para além do óleo essencial, as sementes contêm cerca de 10% de óleo fixo. Nos frutos de cominho torrados, foi identificado um grande número de pirazinas como composto aromático. Para além da pirazina e de vários derivados alquílicos (em especial, 2,5- e 2,6- dimetilpirazina), as 2-alcoxi-3-alquilpirazinas parecem ser os compostos-chave (2-etoxi -3-isopropilpirazina, 2-metoxi -3-sec-butilpirazina, 2-metoxi-3-metilpirazina). Foi também encontrado um composto de enxofre, a 2-metilio-3-isopropilpirazina. Todos estes produtos de Maillard também se formam quando o feno-grego ou os coentros são torrados. (Nahrung, 24, 645, 1980).

Importância médica

A especiaria tem sido elogiada como jeeraka, jarana e ajaai pelas suas qualidades medicinais na Ayurveda. Estes nomes referem-se às suas propriedades carminativas e digestivas. De acordo com os princípios ayurvédicos, estas sementes equilibram vata e kapha. Reduz a inflamação superficial e a dor. Para além de estimular o apetite, digere os alimentos e normaliza vata no sistema digestivo. Reduz a dor sentida durante a indigestão, flatulência ou sensação de peso no estômago. Purifica o sangue. As sementes de cominho actuam no sistema reprodutor feminino, reduzindo a inflamação do útero. É elogiada pelas suas propriedades galactogog (aumenta a produção de leite em mães lactantes). Como normaliza vata e kapha, actua como afrodisíaco. É uma erva amiga da pele e reduz a comichão. Além disso, é muito utilizada como remédio caseiro em muitos países, por exemplo, a pasta afim de sementes de cominho (sementes de cominho moídas com água), quando aplicada sobre furúnculos ou partes do corpo doridas, alivia a dor. O consumo de jeera em pó com mel reduz as dores de cólicas e a diarreia causada por indigestão.

Sementes de alcaravia (Ajwain)

Carum copticum

Família - Apiaceae

Esta planta é uma erva bienal de 0,3-1 M de altura, com raízes tuberosas grossas e folhas compostas divididas em segmentos muito estreitos. Os frutos são oblongos, comprimidos lateralmente, com um estilopódio curto no ápice, curvos, afilando para cada extremidade e de cor castanha clara a escura.

Componentes químicos

O aroma caraterístico agradável e o sabor doce, mas ligeiramente picante, devem-se à presença de óleo de cominho (3-8%), do qual a carvona é o principal constituinte cetónico (50-60%). O teor de óleo essencial do cominho holandês é relativamente elevado. Para além da carvona, o óleo de cominho contém uma quantidade significativa de d-limoneno (carvene). Os constituintes principais do óleo são o timol (54,50%), o y-terpineno (26,10%) e o p-cimeno (22,10) (Mohagheghadeh *et al.,* 2007). Dos frutos de ajwain do Sul da Índia, foi isolado timol quase puro (98%), mas verificou-se que o óleo da folha é composto por monoterpenóides e sesquiterpenóides: 43% cadineno, 11% longifoleno, 5% timol, 3% cânfora e outros (Indian Journal of Pharamaceutical sciences, 64,250,2002).

Importância medicinal

Pensa-se que o Ajwain actua dilatando os tubos bronquiais nos pulmões. Esta já não é a abordagem principal utilizada para tratar qualquer asma, exceto a mais ligeira. No entanto, a erva pode ser uma fonte de uma nova forma de o conseguir. Por conseguinte, é útil para o tratamento da asma (Boskabody *et al.,* 2007). O Ajwain é útil no tratamento da diarreia, cólicas e outros problemas intestinais. Também ajuda a aliviar a flatulência (gases) e o desconforto no estômago. De acordo com a medicina ayurvédica, o Ajwain é um poderoso purificador do corpo. Esta planta medicinal também é boa pelas suas propriedades antiespasmódicas e estimulantes e por expulsar os gases do estômago ou dos intestinos, de modo a aliviar a dor ou a distensão abdominal. É útil para estimular o apetite e melhorar a digestão. Nos países ocidentais, o timol é utilizado em medicamentos contra a tosse e a irritação da garganta. Também ajuda os rins e o sistema respiratório.

Coentros (Dhania)

Coriandrum sativum

Família: Apiaceae

Trata-se de uma planta macia, sem pêlos, que atinge 50 cm de altura. As folhas têm formas variáveis, com lóbulos largos na base da planta e delgados e plumosos na parte superior das hastes florais. As flores nascem em pequenas umbelas, brancas ou cor-de-rosa muito pálido, assimétricas, com as pétalas afastadas do centro da umbela mais compridas (5-6 mm) do que as voltadas para ele (apenas 1-3 mm). O fruto é um esquizocarpo globular seco com 3-5 mm de diâmetro. Todas as partes das plantas são comestíveis, mas as folhas frescas e as sementes secas são normalmente utilizadas na culinária.

Componente químico

O seu fruto contém um teor de água que é de cerca de 11,2%. Contém 14,1% de proteínas, 16,1% de ácidos gordos, 21,6% de hidratos de carbono e 44% de minerais. O ingrediente ativo nos coentros é o óleo essencial chamado coriandrol, que é cerca de 45 a 70%. O óleo essencial de coentros é utilizado como ingrediente aromático, mas também tem uma longa história como medicamento tradicional. É obtido por destilação a vapor dos frutos secos e completamente maduros (sementes) de *Coriandrum sativum* L. O óleo é um líquido incolor ou amarelo-plano com um odor caraterístico e um sabor suave, doce, quente e aromático, sendo o linalol o principal constituinte (cerca de 70%) (George *et al.*, 2009).

Importância medicinal

As sementes de coentros são fervidas com água e bebidas como remédio indígena para as constipações. Como remédio caseiro comum, as sementes de coentros são utilizadas na medicina tradicional indiana como diurético, fervendo quantidades iguais de sementes de coentros e de sementes de cominhos, arrefecendo e consumindo o líquido resultante. Uma colher de chá de coentros em pó e rebuçado de açúcar três vezes por dia é um remédio eficaz para curar a disenteria. É uma especiaria carminativa e digestiva. Quando o sumo de coentros é misturado com curcuma em pó ou sumo de hortelã, é utilizado como tratamento para o acne. Também é aplicado no rosto como um tónico. Os coentros são tradicionalmente utilizados para vários distúrbios gastrointestinais e cardiovasculares e este estudo foi concebido para racionalizar a sua utilização na dispepsia, cólicas abdominais, diarreia, hipertensão e diurético

(Jabeen *et al.*, 2009).

Estudos recentes

Vários cientistas realizaram trabalhos no domínio do rastreio da atividade biológica de especiarias e plantas indianas (Aswal *et al.*, 1984). No entanto, existe pouca informação disponível sobre os dados científicos que indicam a atividade antimicrobiana dos medicamentos ayurvédicos (Patel *et al.*, 1984, Bhukuni *et al.*, 1969). Num estudo anterior, o potencial antimicrobiano da pimenta preta *(Piper nigrum* L.), da folha de louro *(Laurus nobilis* L.), do anis *(Pimpinella anisum* L.) e dos coentros *(Coriandrum sativum* L.) foi estudado contra 176 isolados bacterianos pertencentes a 12 géneros diferentes da população bacteriana isolada da cavidade oral de 200 indivíduos, utilizando a técnica de difusão em disco. A pimenta preta foi considerada a mais tóxica para as bactérias, apresentando uma atividade antibacteriana de 75%, em comparação com a folha de erva-doce (53,4%) e o anis (18,1%), à concentração de 10 ml por disco. Enquanto os coentros não mostraram qualquer efeito antibacteriano (Chaudhary *et al.*, 2006).

Num outro estudo, a atividade antibacteriana de *Cuminum cyminum* L. e *Carum carvi* L. foi estudada contra espécies Grampositivas e Gramnegatve utilizando o método de difusão em ágar. A atividade foi considerada particularmente elevada contra *Calvibacter, Curtobacterium, Rhodococcus, Erwinia, Xanthomonas, Ralstonia* e *Agrobacterium,* enquanto uma atividade mais baixa foi observada contra *Pseudomonas* (lacobellis *et al,* 2005).

Estes relatórios sugerem a utilização potencial das especiarias acima referidas para o controlo de doenças microbianas. O alho possui alicina que inibe o crescimento de bactérias e fungos. Do mesmo modo, a cebola possui um fator lacrimogéneo e é antimicrobiana. O extrato alcoólico de rebentos frescos de Dendrobium amoenum (Orchidaceae) também mostrou atividade antibacteriana in vitro contra três bactérias *Bacillus subtilis Klebsiella pneumonia* e *Staphylococcus aureus* (Kaushik e Kishor, 1995). O extrato de etanol e acetona de trifla mostrou uma excelente atividade contra *Salmonella typhi, Shigella dysentriae, Vibrio cholera, Staphylococcus aureus e Klebsiella aerogenes* (Mehta e Wankhade, 1993). Prasad e Rao (1994) estudaram a atividade antimicrobiana do óleo de sementes de Brassica junacea contra *Escherichia coli, Bacillus subtilis* e *Pseudomonas* sp. Os extractos de várias partes da planta: flor, raiz, caule e folha de *Aerva persica* foram testados quanto à atividade antimicrobiana contra estirpes bacterianas patogénicas para o homem de *Staphylococcus aureus* e *Salmonella typhi* e contra espécies de fungos patogénicos para as plantas *Macrophomina phaseolina,* de acordo com (Gehlot e Bhora, 1998). Trabalhos anteriores sobre a atividade antimicrobiana de plantas medicinais e curcuma foram revistos por (Kaushik e Dhiman, 2000; Kaushik, 2003).

Muitas ervas utilizadas pelos praticantes de Ayuveda mostram resultados promissores e podem ser apropriadas para ensaios aleatórios de maior dimensão. Desde a antiguidade, as especiarias e condimentos como o alho, a curcuma e muitos outros têm sido considerados indispensáveis na arte culinária, uma vez que são utilizados para dar sabor aos alimentos. Presume-se que a eficácia de largo espetro destas especiarias pode constituir uma base adequada para novas terapias antimicrobianas (Arora e Bhardwaj, 1997; Kaushik, 2003). A utilização de especiarias como agentes terapêuticos justifica-se pelo facto de serem facilmente absorvidas pelo nosso organismo e não terem efeitos secundários como acontece com outros agentes quimioterapêuticos.

Resumo

O presente texto aborda os aspectos terapêuticos das especiarias: gengibre, cardamomo pequeno, cardamomo de babete, curcuma, cominhos, alcaravia e coentros. Estas têm sido utilizadas há milhares de séculos por muitas culturas para realçar o sabor e o aroma dos alimentos. As culturas primitivas também reconheceram o valor da utilização de especiarias e ervas na conservação dos alimentos e o seu valor medicinal. As experiências científicas documentaram as propriedades antimicrobianas de algumas especiarias, ervas e seus componentes. Para além do efeito antimicrobiano, as especiarias e as ervas aromáticas também demonstraram outras propriedades de combate a doenças, como a redução do colesterol, a estimulação do sistema imunitário, o efeito anticancerígeno e anti-inflamatório. Funcionam como anti-oxidantes e são eficazes na asma brônquica. Os óleos essenciais extraídos de especiarias e ervas são geralmente reconhecidos por conterem o composto antimicrobiano ativo. A presença destes compostos, quando adicionados a produtos alimentares, funciona como inibidores do crescimento de microrganismos, para além de conferir sabor e aroma aos produtos alimentares. Alguns estudos recentes sobre o efeito antimicrobiano das especiarias e ervas aromáticas revelaram resultados promissores. No entanto, a atividade antimicrobiana varia muito, dependendo do tipo de especiaria ou ervas, do meio de teste e do microrganismo. São necessários mais estudos neste domínio para esclarecer melhor o papel das especiarias e ervas aromáticas como agentes terapêuticos, especialmente tendo em conta os relatos crescentes de resistência dos microrganismos aos agentes quimioterapêuticos.

REFERÊNCIAS

Agaoglu, S., Dostbil, N. e Alemdar, S. 2005. Efeitos antimicrobianos do cardamomo *(Elettaria cardamomum* Moton).YYU vet Fak Derg,16(2),pp.99-101.

Aliero ,A.A.e Afolayan, A.J.2006. Atividade antimicrobiana de *Salanum tomentosum. Jornal Africano de Biotecnologia,* 5(4), pp.369-372.

Allsop,A. e Illingworth.R. 2002. The impact of genomics and related technologies on the search for new antibiotics. *Journal of Applied Microbiology* ,92,pp.7-12.

Ambasta, S.P.(Ed). 1994 (reimpressão da edição). The useful pints of India . Direção de Publicações e Informação, C.S.I.R., Nova Deli.

Arora,D.S; e Bhardwaj, S.K. 1997. Atividade antimicrobiana do chá *(Camellia sinesis)* contra alguns agentes patogénicos das plantas. *Geobios,* 24:pp.127-131.

Asolker ,L.V.,Kakkar, K.K. e Chakre,O.J. 1992. Segundo Suplemento ao Glossário de Plantas Medicinais Indianas com Princípios Activos. Parte (A-K). Direção de Publicação e Informação, C.S.I.R., Nova Deli.

Aswal, B.S; Goel, A.K e Mukherjee, K.C, 1984. Triagem de plantas indianas para atividade biológica (Parte 10). *Indian j expt.boil.22:* pp 321-262.

Baquero,F. 1992. Resistência dos Gram positivos: Desafio para o desenvolvimento de novos antibióticos. *Journal of antibacterial chemotherapy,39,* pp, 1-6.

Behl,P.N., Arora,R.B.,Srivastava, G. e Malhotra,S.C. 1993. Herbs useful in Dermatological Therapy.C.B.S. Publication and Distributor, Delhi.

Bhakuni;D.S; Dhar ,M.L; Dhawan, 1969. Triagem de plantas indianas para atividade biológica (Parte-2). *Indian J Expt.Boil.7:pp* 250-262.

Bosio,K., Avanzini,C.,D'Avolio,A.,Ozino,O. E Savoia, D.2000. Atividade *in vitro* de propolies contra *Streptococcus pyogens. Cartas em Microbiologia Aplicada,31* :pp 174-177.

Chaudhry N.M., Tariq P.2006. Atividade bactericida da pimenta preta, do louro, do anis e dos coentros contra isolados orais. *Pak J Pharm Sci*;19(3):214-8.

Chopra I., Hesse L., Nad O' Neill A.J. 2002. Exploiting current understanding of antibiotic action for discovery of new drugs (Explorando a atual compreensão da ação dos antibióticos para a descoberta de novos fármacos). *Suplemento do simpósio do Jouranal of applied microbiology,* pp 45-15 S.

Chopra R.N. Chopra,I.C. e Verma,B.S., 1969. Suplemento do Glossário de Plantas Medicinais Indianas. Direção de Publicações e Informação, C.S.I.R., Nova Deli.

Chopra R.N., Nayar S.L. e Chopra I.C., 1956. Glossário de plantas medicinais indianas. Direção de Publicação e Informação, C.S.I.R., Nova Deli.

Chopra,I., Hodgson,J., Metcalf,B. e Poste, G. 1997. A procura de agentes antibacterianos eficazes contra bactérias resistentes a múltiplos antibióticos. *Antimicrobial Agent and Chemoptherapy,41,pp* 497-503.

Cohen, M.L. 1992. Epidemiologia da resistência aos medicamentos: implicações para uma era pós-antimicrobiana. *Science,* 257, pp 1050-1055.

Cole, E.C., Addison, R.M., Rubino , J.R., leese, K.E., Dulaney, P.D., Newell, M.S.,Wilkins,J., Gaber ,D.J., Wineiger , T. e Criger, D.A. 2003. Investigação da resistência cruzada a antibióticos e agentes antibacterianos em bactérias alvo de casas de utilizadores e não utilizadores de produtos antibacterianos. *Letters in Applied Microbiology, 95, pp* 664-676.

Concepcion,G.P., Caraan, G.B., Lazaro, J.E.e Camua, A.R. 1994. Atividade antibacteriana e antifúngica demonstrada em algumas esponjas e tunicados das Filipinas. *Phil J Microbial Infect Dis,*24,pp 6-19.

Courlin P. 1996. Evasão da ação dos antibióticos pelas bactérias. *Journal of Antimicrobial Chemotherapy.* 37pp,855-869.

Cowan,M.M. 1999. Produtos vegetais como agentes antimicrobianos. *Clinical Microbiology Review,*12,pp,564-582.

Davis, J. 1994. Inativação de antibióticos e disseminação de genes de resistência. *Science,* 264, pp275-382.

Deans,S.G. e Ritchie,G.1987. Propriedades antibacterianas de óleos essenciais de plantas. *Jornal Internacional de Microbiologia Alimentar*, 5, pp165-180.

Dighe ,V.V., Gursale, A.A., Sane,R.T., Menon, S. e Patel,S.H.2005. Determinação quantitativa de eugenol a partir de *Cinnamonum tamala* Nees e Eberm. Folha em pó e formulação à base de plantas utilizando cromatografia líquida de fase inversa. *Chromatographia,*61,pp443-446.

Ferreira,D.T.andrei,C.C.,Saridakis, H.O.,Faria, T.J., Vinhato,E.,Carvalho, K.E., Daniel, J.S.F., Machado, S.L., Saridakis ,D.P. and Broz,R.2004. Atividade antimicrobiana e investigação química de *Drosera* brasiliana. Mem Inst Oswaldo Cruz , Rio de Janeiro ,99(7), pp753- 755.

Fransworth , N.R.e Soejarto, D.D. 1991.Importância global das plantas medicinais. In: Akerela , O.,Heywood, V. e Synge ,H.(Eds). The Conservation of medicinal plants . Cambridge University Press, Cambridge, pp.25-51.

Fransworth , N.R.,Akerelo , O ., Bingel , A .S., Soejarto , D.D. e Guo , Z. 1985 . Plantas medicinais na terapia. *Boletim do Órgão Mundial de Saúde*, 63, pp965-981.

Gehlot , D e Bohra A , 1998 ,Antimicrobial activity of various plants part extracts of *Aerva persica* . *Avanços da ciência das plantas* (1) : pp109-111 .

George A., Burdock , e loana G 2009 . Avaliação da segurança do óleo essencial de coentros *(Coriandrum sativum* L.) como ingrediente alimentar. Food and Chemical Toxicology . 47(1) ,pp22-34 .

Gold , S.G. e Moellering , R . C . 1996 . Resistência aos medicamentos antimicrobianos . *N Engl J Med* , 335 , pp1445-1453 .

Gonzalez , C . E ., Venzon , D ., Lee , S ., Muller , B . U ., Pizzo , P . A . e Walsh , T . J . 1996 - Factores de risco para a fungemia em crianças infectadas com o vírus da imunodeficiência humana: um estudo de caso-controlo. *Clinical Infectious diseases* , 23, pp515-521.

Hammer, K.A., Carson, C.F. e Riley, T.V. 1999. Atividade antimicrobiana de óleos essenciais e outros extractos de plantas. *Jornal de Microbiologia Aplicada*, 86(6), pp985-990.

Iacobellis N.S., Lo Contare P, Capasso F e Senatore F: 2005. Atividade antibacteriana dos óleos essenciais de *Cuminum cyminum* L. *J Aqric Food CHEM.* 12; 53(1); pp57-61.

Iyengar, M.A., Rama Rao, Pattabhi, B.I. e Kamath, M.S. 1995. Antimicrobial Activity of the Essential oil of *Curcuma longa* leaves (Atividade antimicrobiana do óleo essencial das folhas de *Curcuma longa). Indian Drugs.* 36(6): pp249-250.

Jabeen Q., Bashir S., Lyoussi B., Gilani AH. 2009. O fruto dos coentros apresenta actividades moduladoras do intestino, de redução da pressão arterial e diuréticas. *Journal of Ethnopharmacol*, 122(1) pp123-130.

Kaushik, P e Dhiman, A.K. 2000. Medicinal Plants and Raw Drugs of India (Plantas Medicinais e Drogas Brutas da Índia). Bishan Singh Mahendra Pal Singh, Dehradun pp.XII+1-623.

Kaushik, P e kishore, N. 1995. Atividade antibacteriana de *Dendrobium amoneum* Wall. Ex.L.*J Orchid Soc India.*9(1-2):pp33-35.

Kaushik,P.2003.Haridra (Cúrcuma): Potencial antibacteriano. Chowkhamba Sanskrit Series Office, Varanasi pp1-124.

Kaushik, P.1988. Indigenous Medical Plants Including Microbes and Fungi (Plantas medicinais indígenas, incluindo micróbios e fungos). Today and Tomorrow's Printers and Publishers, New Delhi ,pp.VIII+243.

Kikuzaki,H e Nakatani, N.1993. Efeitos antioxidantes de alguns constituintes do gengibre. *Jornal de Ciências Alimentares*, 58, 1407-1410.

Knowles,   D.J.C. 1997 Novas estratégias para a conceção de medicamentos antibacterianos. Tendências em
Microbiology,5,379-383.

Lis-Balchin, M., Buchbauer, G., Hirtenlehner, T. e Resch, M.1998. Atividade antimicrobiana dos óleos essenciais de Pelargonium adicionados a um recheio de quiche como modelo de sistema alimentar. *Cartas em Microbiologia Aplicada,* 27, pp.207-210.

Marchese, A. e Shito, G.C.2000. Padrões de resistência dos agentes patogénicos do trato respiratório inferior na Europa. *International Journal of Antimicrobial Agents* ,16,25-29.

Mehta,B.K, Shirut ,S e Wankhade,H, 1993.Eficácia antimicrobiana *in vitro* de Trifla Fitoterapia 64(4). 371-372.

Miyazawa,M. e Kameoka ,H. 1975. Composição do óleo essencial e do óleo não volátil das sementes de cardamomo. *Japn Oil Chem.Soc*(Yukagaku),24(1),pp.22-26.

Nikaido,H.1998.Resistência múltipla aos antibióticos e efluxo. Current Opinion in Microbiology,1,pp.516-523.

Patel,V.k, e Bhatt,H.V,1984. Atividade antibacteriana *in vitro* de plantas medicinais. *Indian JMed. Science.2:pp.34-35.*

Pfaller, M.A., Jones, R.N., Doem, G.V. e Kugler, K. 1998. Agentes patogénicos bacterianos isolados de doentes com infeção da corrente sanguínea: Frequência de ocorrência e padrões de suscetibilidade antimicrobiana. *Antimicrobial Agent and Chemotherapy*,42,pp.1762-1770.

Pieribattesti, J.C., Smadja,J. e Mondon, J.M. 1988. Composição do óleo essencial de cardamomo *(Elettaria cardamomum* Moton) da reunião.*Dev Food Sci,* 18,pp.697-706.

Prabusrinivasan, S., Jaykumar,M. e Ignacimuthu,S.2006. Atividade antibacteriana in vitro de alguns óleos essenciais de plantas. BMC Complementary and Alternative Medicine,6,pp.39.

Prasad, R.J; e Rao, A, 1994.Antimicrobial studies on the seed oil of *Brassica juncea*,Fitoterapia,64(4): 373.

Prescott, L.M., Harley, J.P e Klein,D.A.2005. *Microbiology,* 6th Edition.Mc Graw Hill NY,pp. xxii+1-992.

Russel, A.D.2002. Resistência a antibióticos e biocidas em bactérias: Introdução *Suplemento ao Simpósio do Journal of Applied Microbiology*, 92.pp.1S-3S.

Sakagami,Y., Mimura, M., Kajimura, K., Yokoyama, H., Linuma, M., Tanaka, T. e Ohyama, M. 1998. Atividade anti-MRSA da sophoraflavanone G e sinergismo com outros agentes antibacterianos. *Letters in Aplied Microbiology,* 27, pp.98-100.

Samie, A., Obi, C.L., Bessong, P.O. e Namrita,L. 2005.Perfis de atividade de catorze plantas medicinais selecionadas das comunidades rurais de Venda na África do Sul contra quinze espécies bacterianas clínicas. *Jornal Africano de Biotecnologia*, 4(12), pp.1443-1451.

Shukla, I., Tiwari, R e Agarwal, M. 2004. Prevalance of extended spectrum-lactamase producing *Klebssiella pneumonia* in a tertiary care hospital. *Indian J Med Microbial,* 22, 87091.

Singer, R.S., Finch, R., Wegener, H.C., Bywater, R., Walters, J. e Lipsitch, M. 2003. Antibiotic use in animals and human beings (Utilização de antibióticos em animais e seres humanos). *Lancet infect Dis,* 3, pp. 47-51.

Stermitz, F.R., Lorenz, P., Tawara, J.N., Zenewicz, L.A. e Lweis, K.2000. Sinergia numa planta medicinal: A ação antimicrobiana da berberina potenciada pela 5'-metoxi-hidnocarpina, um inibidor da bomba multidroga. Proc Natl Acad Sci, 97(4), pp.1433-1437.

Swartz, M.,N. 1994. Doenças infecciosas adquiridas em hospitais com terapias cada vez mais limitadas. Processings of the National Academy of Science, USA, 91,pp. 2420-2427.

OMS. 1993. Resumo das diretrizes da OMS para a avaliação de medicamentos à base de plantas. *Herbal Gram,* 28,pp. 13-14.

OMS.2000. Overcoming Antibacterial Resistance. Relatório da Organização Mundial de Saúde sobre Doenças Infecciosas, Genebra.

Plantas medicinais: Melhor remédio para os fungos

Uma análise

Padma Singh* e Anshu Rani

Departamento de Microbiologia, Kanya Gurukul Mahavidhyalaya, Universidade Gurukul Kangri. Haridwar- 249407.

Autor correspondente e-mail id: drpadmasingh06@gmail.com

Resumo:

A Índia é uma terra de cultura, flora e fauna diversificadas que existe desde tempos imemoriais. Os medicamentos tradicionais derivados de plantas durante milhares de anos estão agora a revelar os seus segredos e a encontrar papéis importantes na medicina moderna. No presente estudo, foram efectuadas muitas técnicas in vitro para avaliar os diferentes papéis de plantas medicinais variáveis contra uma variedade de microrganismos como bactérias, fungos, algas, protozoários, etc. Muitos dos estudos de dados justificam a potência das plantas medicinais contra diferentes fungos. O exame das actividades antifúngicas de diferentes plantas é tratado de um ponto de vista experimental e no que diz respeito a uma possível aplicação prática.

Palavras-chave: Plantas medicinais, Fungos patogénicos, Teste de difusão em disco, Teste de suscetibilidade por diluição.

Introdução:

Durante os últimos anos, foram avaliados numerosos componentes antifúngicos para utilização no tratamento de infecções fúngicas. A resistência emergente dos microrganismos a alguns medicamentos sintéticos torna necessário continuar a procurar novas substâncias antifúngicas em particular. Com a crescente aceitação da medicina tradicional como uma forma alternativa de cuidados de saúde, a procura de compostos activos em plantas medicinais tornou-se muito importante. Muitos produtos naturais podem desempenhar um papel fundamental na relação entre o hospedeiro e o agente patogénico. O óleo essencial produzido por diferentes espécies de plantas é, em muitos casos, biologicamente ativo. Muitas plantas sintetizam substâncias que são úteis para a manutenção da saúde dos seres humanos e de outros animais. Estas incluem substâncias aromáticas, a maioria das quais são fenóis ou os seus derivados substitutos do oxigénio, como os taninos. Muitos são os metabolitos secundários, dos quais pelo menos 12.000 foram isolados - um número estimado em menos de 10% do total. Estes metabolitos vegetais, de acordo com a sua composição, são agrupados em alcalóides, glicosídeos, corticosteróides, óleos essenciais, etc.

Em muitos casos, estas substâncias, em particular os alcalóides, funcionam como mecanismo de defesa das plantas contra a predação por microrganismos, insectos e herbívoros. Muitas delas são utilizadas pelos seres humanos para produzir compostos medicinais úteis. Desde o início da civilização humana que os seres humanos dependem das plantas superiores para os seus cuidados de saúde. As plantas verdes forneceram todos os medicamentos ao homem e aos seus animais domésticos, para além de alimentos, abrigo e vestuário, durante milhares de anos. Mais de três quartos da população mundial depende principalmente de plantas e extractos de plantas para os cuidados de saúde. Estudos recentes da OMS indicam que mais de 30% das espécies de plantas do mundo foram, num dado momento, utilizadas para fins medicinais. Das 2,50,000 espécies de plantas superiores existentes na Terra, mais de 80,000 são medicinais. A utilização de plantas para cuidados de saúde na Índia remonta a cerca de 5000 anos. A medicina tradicional está difundida em todo o mundo e é parte integrante de cada cultura individual.

Cerca de 8000 remédios à base de plantas foram codificados na Ayurveda, que é utilizada em muitos dispensários atualmente. As plantas, especialmente as utilizadas na Ayurveda, podem fornecer moléculas biologicamente activas e estruturas de referência para o desenvolvimento de derivados modificados com maior atividade ou menor toxicidade. A pequena fração de plantas com flor que foi investigada até agora produziu cerca de 120 agentes terapêuticos de estrutura conhecida de cerca de 90 espécies de plantas. Alguns exemplos de medicamentos úteis derivados de plantas incluem a vinblastina, a vincristina, o taxol, a podofilotoxina, a camptotecina, a gitoxigenina, a digoxigenina, a tubocuranina, a aspirina, a codeína, a morfina, a curcumina, a artimisinina e a efedrina. Quando a molécula ativa não pode ser sintetizada de forma económica, o produto deve ser obtido a partir do cultivo de material vegetal. As plantas aromáticas são utilizadas nas indústrias alimentar, de aromas e cosmética. Estas plantas têm de ser cultivadas para se obterem os químicos perfumados para uso comercial (Kumar *et al,* 1997).

Neste caso, centrámos a nossa investigação no potencial antifúngico das plantas medicinais. É evidente que o povo indiano tem uma enorme paixão pelas plantas medicinais e utiliza-as para uma série de aplicações relacionadas com a saúde, desde uma constipação comum até ao melhoramento da memória e ao tratamento de mordeduras de cobras venenosas, passando pelo tratamento da distrofia muscular e pelo reforço da imunidade geral do corpo. Nas tradições orais, as comunidades locais em todos os ecossistemas, desde os transHimalayas até às planícies costeiras, descobriram as utilizações medicinais de milhares de plantas que se encontram localmente no seu ecossistema.

Desde a década de 1980 que se tem verificado um aumento dramático na incidência de infecções fúngicas. As infecções fúngicas são, no entanto, extremamente comuns, algumas das quais são graves e mesmo fatais. Com o controlo da maioria das infecções bacterianas nos países desenvolvidos, as infecções fúngicas assumiram maior importância. Por exemplo, foi afirmado que, nos EUA, as infecções fúngicas causam atualmente tantas mortes como a tosse convulsa, a difteria, a febre tifoide, a escarlatina, a disenteria e a malária juntas. A maioria dos fungos são saprófitas do solo e as infecções humanas são principalmente oportunistas. As infecções fúngicas são problemas importantes em fitopatologia e, especialmente, em medicina, no tratamento de doentes imunodeprimidos por infecções, quimioterapia ou idade. As infecções causadas por espécies fúngicas são muito comuns em doentes imunocomprometidos e acarretam custos de tratamento e mortalidade significativos. No entanto, uma vez que, tal como os seres humanos, os fungos são eucariotas, tem sido difícil encontrar alvos específicos adequados nos fungos para a ação de medicamentos antifúngicos que não prejudiquem os seres humanos. A maioria dos compostos antifúngicos actuais tem como alvo a membrana celular dos fungos. Com o aumento da utilização e da disponibilidade de diferentes classes de agentes antifúngicos, prevê-se um aumento do número e da variedade de espécies de fungos resistentes a estes agentes. Os esforços contínuos para estudar os mecanismos de resistência antifúngica e o desenvolvimento de sistemas experimentais em que os mecanismos de resistência individuais possam ser estudados serão componentes importantes da estratégia para limitar o aparecimento de resistência a estes agentes e para desenvolver compostos mais seguros e mais potentes para o futuro.

Antecedentes históricos:

Qualquer planta que contenha elementos ou propriedades curativas num ou mais dos seus órgãos é designada por planta medicinal. A prática da medicina tradicional ou popular baseada na utilização de plantas e extractos de plantas é conhecida como Herbalismo ou Fitoterapia. Por vezes, o âmbito da fitoterapia é alargado para incluir fungos e produtos apícolas, bem como minerais, conchas e certas partes de animais. Para traçar a história das plantas medicinais, é necessário remontar à história da farmacologia. Até ao século passado, as plantas medicinais ainda estavam a ser transformadas para uso geral. A descoberta das propriedades curativas das plantas deve ter nascido de um instinto humano. O homem primitivo utilizava as plantas tanto para a alimentação como para a medicina. Terá aprendido, talvez depois de muitas experiências infelizes, que algumas plantas continham certas propriedades e foi capaz de as identificar pelos resultados que induziam. Terá também observado quais as plantas que os animais utilizavam quando estavam doentes. Depois de ter visto um veado ferido a esfregar-se no geum, terá descoberto, por exemplo, que esta planta curaria também as suas feridas e terá percebido que a erva-dos-dentes-de-cão actuaria como um emético, tal como aconteceu com o gato.

Muitos exemplos notáveis de animais que sabem intuitivamente como se tratar com plantas adequadas são citados por numerosos escritores. Cícero, por exemplo, menciona a utilização da madeira de cervo pelas jovens cervas para facilitar o parto, enquanto Plutarco refere que os ursos utilizam o arum selvagem (senhores e senhoras). Os casos de envenenamento acidental devem ter sido comuns antes do início; as ervas curativas foram distinguidas das venenosas. O botânico alemão Mollisch fez uma observação interessante relativamente a seis plantas que contêm cafeína - nomeadamente o café, a cola, o mate, o chá, o cacau e o guaraná; entre inúmeras espécies de plantas, o homem foi capaz de escolher estas seis com grande precisão, apesar de lhes faltarem caraterísticas particulares que permitem distingui-las facilmente pelas suas propriedades medicinais. Nos registos escritos, o estudo das ervas remonta a mais de 5000 anos, até aos sumérios, que descreveram utilizações medicinais bem estabelecidas para plantas como o louro, o cominho e o tomilho. As receitas dos sumérios para a cura com ervas foram encontradas por arqueólogos numa mesa feita de barro. Mais ou menos na mesma altura, e talvez mesmo antes, as tradições herbáceas estavam a ser desenvolvidas na China e na Índia.

O primeiro livro de ervas chinês conhecido, datado de cerca de 2700 a.C., enumera 365 plantas medicinais e as suas utilizações, incluindo ma-Huang, o arbusto que introduziu a droga efedrina na medicina moderna. Sabe-se que os egípcios de 1000 a.C. utilizavam alho, ópio, óleo de rícino, coentros, hortelã, anil e outras ervas para a medicina e o Antigo Testamento também menciona a utilização e o cultivo de ervas, incluindo mandrágora, ervilhaca, cominho, trigo, cevada e centeio. As raízes dos medicamentos indianos foram estabelecidas nos escritos sagrados chamados "Vedas", que remontam ao século 2nd a.C. O material médico indiano ou listas de ervas utilizadas como medicamentos é bastante extenso. Já em 800 a.C., um escritor indiano conhecia 500 plantas medicinais e outro conhecia 760, todas plantas indígenas da Índia. O herbalismo indiano ainda é praticado atualmente e estão disponíveis muitas fórmulas tradicionais autênticas. Os gregos e os romanos derivaram grande parte dos seus conhecimentos sobre plantas medicinais destas primeiras civilizações. A Grécia antiga foi muito influenciada pela Mesopotâmia e pelo Egito e, de certa forma, pela Índia e pela China. O médico grego Hipócrates (460-370 a.C., que é frequentemente referido como o "Pai da Ciência Moderna") era um herborista. É-lhe atribuída a frase "Que o teu alimento seja o teu remédio, e o teu remédio o teu alimento".

Durante a Idade Média, o conhecimento das plantas medicinais foi aprofundado por monges na Europa que estudaram e cultivaram plantas medicinais e traduziram as obras árabes sobre herbalismo. Um padre, que se acreditava ter uma influência única no mundo espiritual, utilizava a magia e as ervas medicinais para curar a doença. Os colonos europeus tinham um grande respeito pela sabedoria herbácea dos americanos e dos índios e baseavam-se fortemente nos seus conhecimentos. Quando Lewis e Clark fizeram a sua famosa expedição para oeste a partir do rio Mississipi, um dos seus objectivos era aprender o mais possível com este povo sobre as suas ervas benéficas. Os nativos da América Central e do Sul também tinham um conhecimento alargado das ervas indígenas das suas áreas. Graças às suas tradições, temos muitas ervas à nossa disposição, incluindo a erva unha-de-gato *(Uncaria tomentosa)*. Esta erva da floresta tropical peruana tornou-se muito popular nos Estados Unidos como imunoestimulante.

Em todas as partes do globo onde o homem viveu, desenvolveu-se um conjunto de conhecimentos sobre ervas. Dos nativos africanos temos a erva Pygeum *(Prunus africana)* que provou ser benéfica para a glândula da próstata. Dos aborígenes australianos, temos o óleo da árvore do chá, proveniente das folhas da árvore *Melaleuca*, que foi utilizado pelos soldados britânicos durante a Segunda Guerra Mundial como anti-sético para feridas. Dos nativos do Pacífico Sul temos o Noni *(Morinda citrifolia)*, que provou ter muitos benefícios saudáveis, incluindo a estimulação do sistema imunitário.

Cenário do mercado mundial:

A população mundial aproxima-se atualmente dos 5,5 mil milhões de pessoas e aumenta de dia para dia. O aumento da população, o fornecimento inadequado de medicamentos em certas partes do mundo, o custo proibitivo dos tratamentos para doenças comuns, os efeitos secundários de vários medicamentos alopáticos atualmente utilizados e o desenvolvimento de resistência aos medicamentos atualmente utilizados para doenças levaram a uma maior ênfase na utilização de material vegetal como fonte de medicamentos para uma grande variedade de doenças humanas. As plantas medicinais e aromáticas têm um mercado de dimensão considerável, tanto a nível natural como internacional. A Índia tem de aumentar a sua contribuição para satisfazer a procura através do fornecimento de óleos essenciais e medicamentos de alta qualidade.

Estima-se que o mercado mundial de medicamentos derivados de plantas possa representar cerca de Rs. 2 lakh crore. A dimensão estimada do mercado de materiais perfumados e aromatizantes é também aproximadamente da mesma ordem de grandeza. Em função da procura interna regular, os produtos de mais de 100 espécies entram no mercado mundial, mas o comércio neste sector é, em grande medida, desorganizado. Até à data, a Índia apenas tem exportado grandes volumes de matérias-primas. Existem pelo menos 121 medicamentos importantes de estrutura conhecida, mas nenhum deles é atualmente produzido por meios sintéticos. Do mesmo modo, devido à grande procura interna e ao potencial de exportação, várias espécies aromáticas foram exploradas na Índia para a obtenção dos seus óleos essenciais.

Para além da procura interna regular, os produtos de mais de 100 espécies entram no mercado mundial, mas o comércio neste sector é, em grande medida, desorganizado. Esta situação deve-se, em grande parte, às flutuações dos preços nacionais e internacionais devido a uma oferta e procura variáveis que põem em conflito os interesses dos produtores e das indústrias utilizadoras. Para alcançar uma vantagem competitiva, temos de recorrer a um comércio de baixo volume e alto custo através da adição de valor aos produtos em bruto e inacabados. Por conseguinte, é necessário desenvolver material de plantação geneticamente superior para garantir a uniformidade e a qualidade desejada e recorrer ao cultivo organizado para assegurar o fornecimento de matéria-prima aos produtores. É necessário desenvolver tecnologias de armazenamento e processamento pós-colheita para produzir produtos acabados de valor acrescentado que possam ser diretamente utilizados pela indústria de perfumaria ou farmacêutica (Kumar *et al.*, 1997).

Técnicas de ensaio comummente utilizadas:

Existem várias técnicas de ensaio habitualmente utilizadas para estimar o potencial antifúngico do extrato de plantas com base no facto de necessitarem ou não de uma dispersão homogénea em água. Uma técnica que não requer essa dispersão é a técnica de sobreposição em ágar:

- Disco, orifícios ou cilindro como reservatório.
- Disco como fonte de vapor.

Foram utilizados diferentes tipos de reservatórios, como discos de papel de filtro ou cilindros colocados na superfície do meio, e orifícios envolvidos no ensaio de difusão em poços, perfurados no meio.

Determinação do nível de atividade antimicrobiana:

A determinação da eficácia antimicrobiana contra agentes patogénicos específicos é essencial para uma terapia adequada. Os testes podem mostrar quais os agentes mais eficazes contra um agente patogénico e dar uma estimativa das doses terapêuticas adequadas.

Teste de difusão de disco:

O princípio subjacente à técnica de ensaio é bastante simples. Quando um disco impregnado de antibiótico ou extrato é colocado em ágar previamente inoculado com o organismo a testar, o disco capta humidade e o material difunde-se radialmente para fora do ágar, produzindo um gradiente de concentração de antibiótico. O antibiótico está presente em alta concentração perto do disco e afecta mesmo os microrganismos minimamente susceptíveis, enquanto os organismos resistentes crescerão até ao disco. À medida que a distância do disco aumenta, a concentração de antibiótico diminui e apenas os organismos mais susceptíveis são afectados. Se o agente inibir o crescimento do organismo, após a incubação, estará presente uma zona clara ou um anel à volta do disco. Quanto mais larga for a zona, mais suscetível é o agente patogénico. A largura da zona é também uma função da concentração inicial, da solubilidade e da taxa de difusão do material através do ágar.

Atualmente, o teste de difusão em disco mais frequentemente utilizado é o método Kirby-Bauer, desenvolvido no início dos anos 60 na Faculdade de Medicina da Universidade de Washington por William Kirby, A.W. Bauer e os seus colegas.

Testes de suscetibilidade por diluição:

Estes testes de suscetibilidade de diluição podem ser utilizados para determinar os valores MIC e MLC. O método da concentração inibitória mínima também é utilizado para a estimativa. Foram aplicadas várias diluições ao reservatório e a diluição não mostrou inibição. Essas diluições críticas foram comparadas com os valores de CIM. No entanto, as diluições críticas e o valor da CIM não mostraram uma correlação rigorosa. Num sistema homogéneo, podem ser aplicadas várias técnicas de ensaio. Na maioria das vezes, são determinados os valores de CIM e de CML (Concentração Letal Mínima). Os valores de CIM podem ser determinados quer num meio líquido quer num meio sólido, enquanto os valores de CML só podem ser determinados num meio líquido. A palavra MID (Diluição Inibitória Máxima) também tem sido utilizada porque normalmente são usadas percentagens de volume sobre volume (Janssen *et al.*, 1987).

Meios de crescimento:

Os meios de cultura são utilizados para uma variedade de objectivos no laboratório. Basicamente, os meios são utilizados para propagar diferentes microrganismos. O meio não só deve suportar o crescimento de um organismo, mas esse organismo deve exibir uma morfologia colonial e microscópica típica no meio. As variações na composição do meio podem alterar estas caraterísticas. Os meios são utilizados para demonstrar muitas outras caraterísticas dos organismos, por exemplo, a produção de ácido e gás. O meio é o ambiente direto dos organismos testados, o que constitui um fator importante na determinação do potencial antifúngico das substâncias. Os constituintes do meio podem reagir com os extractos de plantas e activá-los ou inactivá-los. Nos primeiros estudos, foi estabelecida a influência do teor de ágar na solubilidade do extrato de plantas. Quanto maior for o teor de ágar, menor será a solubilidade e, por conseguinte, menores serão as zonas de inibição.

Existem vários tipos diferentes de meios de cultura para diferentes objectivos. Os meios habitualmente utilizados para a recuperação primária de fungos a partir de amostras clínicas incluem o ágar Saboraud Dextrose, o ágar Czapek-Dox, o ágar de infusão cérebro-coração e o ágar de bolor inibitório. Estes meios suportam o crescimento de uma vasta gama de fungos. Foram desenvolvidos meios especializados para isolar seletivamente organismos específicos, por exemplo, o ágar de sementes de aves ajuda a identificar rapidamente o *Cryptococcus neoformans*. Outros fungos podem crescer neste meio, mas apenas *o C. neoformans* produz um pigmento castanho caraterístico. Em alguns casos, os fungos cultivados numa cultura primária são subcultivados em meios especializados para melhorar caraterísticas específicas, como a formação de esporos ou a pigmentação das colónias. As taxas de crescimento das culturas de fungos variam, mas geralmente são lentas em comparação com as culturas de bactérias. Enquanto algumas colónias de fungos amadurecem em 3-4 dias, outras podem necessitar de 3-4 semanas. Em geral, as leveduras crescem mais rapidamente do que os bolores. O tempo de incubação prolongado constitui uma limitação importante à utilização de culturas fúngicas como ferramenta de diagnóstico.

Os microrganismos:

Várias plantas e os seus extractos foram avaliados como fontes naturais para o controlo de infecções propagadas ou causadas por fungos. Algumas das plantas aromáticas, que estão amplamente distribuídas na zona tropical e exibem atividade antifúngica, têm sido tradicionalmente utilizadas como agentes aromatizantes em pratos activos e como incenso e medicina popular. Uma investigação adicional sobre as actividades antifúngicas das plantas medicinais irá expor a planta como fonte potencial de agentes terapêuticos. (Kaul *et al.*, 1976) relataram as actividades antibacterianas e antifúngicas dos óleos essenciais do extrato das folhas secas de *Artemisia absinthium, A. vestita, A. vulgaris* contra sete bactérias selecionadas e três fungos. Bhargawa *et al.*, 1981 relataram a atividade fungistática do óleo essencial de *Ocimum canum* contra fungos de armazenamento. Dey e Choudhary, em 1984, testaram o óleo essencial de *Ocimum sanctum* e os seus componentes principais contra seis fungos, nomeadamente *Alternaria salani, Candida guillermandii, Calletatricum capsici, Curvularia species, Fusarium salani, Helminthasparium aryzae* e concluíram que o óleo era ativo.

Nos últimos anos, muitos óleos essenciais foram considerados potenciais agentes fungitóxicos contra dermatófitos (Pandey *et al.*, 1983). Foi recomendada a utilização de óleos essenciais para o armazenamento de géneros alimentícios e alimentos para animais sem fungos. O óleo essencial de *Trychyspermum ammi* possui propriedades fungitóxicas de largo espetro e foi sugerida a sua utilização para proteger os grãos alimentares da infestação por fungos durante o armazenamento (Tripathi *et al.*, 1986). Yoshida *et al.*, 1987 relataram que o composto ajoenc do alho tem uma atividade antifúngica mais forte. Também foram investigados os efeitos antifúngicos dos óleos essenciais de folhas de cebola e de alho contra alguns fungos. Sandhya *et al.*, 1989 testaram a toxicidade do óleo essencial de *Trachyspermum ammi* contra fungos que infestam as sementes de *Vigna munga, Hepper e Raphanus sativus*. Observaram o efeito não tóxico dos vapores de óleo a uma concentração de 1000 ppm e erradicaram as sementes da infestação por fungos. Nos últimos dias, os óleos essenciais têm sido amplamente utilizados não só na perfumaria mas também na indústria farmacêutica devido às suas propriedades anti-sépticas, carminativas, estimulantes e diuréticas (Sinha & Gulati, 1990; Girgune *et al.*, 1980). Extractos aquosos e de etanol a 90% de folhas, raízes e casca do caule de *Zanthaxylum leprieurii* e *Z. xanthaxylaides* foram examinados quanto às suas propriedades antifúngicas contra nove fungos por métodos de diluição num meio sólido e num meio líquido. Os nossos resultados indicam que estes extractos, em diferentes graus, inibem o crescimento in-vitro de *C.albicans, C. neafarmans* e sete fungos filamentosos testados (Ngane *et al.*, 2000).

Os extractos de bolbos de *Allium cepa* e *A. sativum* apresentaram atividade contra fungos filamentosos e não filamentosos (Srinivasa *et al.*, 2001). As plantas sintetizam uma vasta gama de metabolitos secundários que estão a ganhar importância pelas suas aplicações biotecnológicas. Foi relatada a atividade antifúngica de dez plantas argentinas utilizadas na medicina nativa (Quiroja *et al.*, 2001). Os óleos essenciais das folhas e flores de *Calea clematidea* mostram atividade antifúngica contra *Trycophyton rubrum, Epidermophyton floccosum, Microsporum gypseum, Microsporum canis* e *Microsporum nanaum* (Flach *et al.*, 2002). O óleo essencial é composto por vários compostos de enxofre puros isolados de *Sorodophloeus zenkeri* e mostra potencial antifúngico contra *A. flavus, A. niger, Rhizopus nigricans, Phytopthora megasperma & Trychophyton mentagraphytes* (Kouokam *et al.*, 2002). Mudina et al., 2002 observaram constituintes voláteis de óleos essenciais de folhas e inflorescência de *Solidago chilensis* contra fungos filamentosos tais como *A. fumigates & Fusarium oxysporum.*

O composto de fistulosina isolado das cebolas mostra a atividade antifúngica do extrato de folhas de *Thymus mastichina* contra *Fusarium* sp. (Giamperi *et al.*, 2003). Zore *et al.*, 2003 investigaram a atividade antifúngica do extrato etanólico, metanólico e aquoso da raiz de *Taverniera cuneifolia* contra muitas espécies de fungos, incluindo *A. flavus, A. paraciticum, A. oryzae, A. niger* e *C. albicans.* Na mesma referência, o extrato de folhas de *Cassia alata, Cassia fistula e Cassia tora* em metanol apresenta potencial antifúngico (Phongpaichit *et al.*, 2004). Shastry *et al.*, 2004 observaram o potencial antifúngico do extrato de folhas de *Thespesia populnea* contra *A. niger, A. fumigatus* e *C. albicans.*

Jain *et al.*, 2004 observaram o potencial antifúngico de espécies de *Bauhinia* contra *A. flavus, A. fumigates, A. niger, C. albicans* e *Penicillium chrysogenum.* As actividades antifúngicas dos óleos essenciais de *Thymus quinquecostatus* e *T. magnum,* que são espécies nativas da Coreia, foram avaliadas contra sete fungos patogénicos comuns. Além disso, os efeitos dos óleos juntamente com o cetoconazol foram testados pelo teste de título de tabuleiro de controlo. Ambos os óleos *de Thymus* mostraram um potencial antifúngico significativo (Seungwon & Kim.,2004). Mathew, 2005, tinha descrito a atividade antifúngica de plantas aromáticas comuns, incluindo *Myristica fragraus* (noz-moscada), *Cinnamomum zeylanicum, Eugenia caryophyllata* e *Pimenta dioica* contra sete fungos.

Deng *et al.*, 2005 relataram a atividade antifúngica de Suragin B, um extrato purificado de cumarina de raízes de *Mannea longifolia.* Lakshmi *et al., 2005,* avaliaram o extrato de metanol de *Petrosia nigricans* (esponja) e mostraram uma atividade antifúngica precoce contra *C. neofromans, Sporothrix schenckii* e *A. fumigates.* Owoyale *et al.*, 2005 descreveram actividades antifúngicas de um extrato alcoólico de folhas de *Senna alata* contra fungos dermatofíticos. Verificou-se que o óleo essencial derivado de plantas medicinais apresenta actividades fungicidas. Os óleos essenciais obtidos por hidrodestilação a partir de folhas frescas de *Cymbopogon citrates* e *Ocimum gratissimum* apresentam atividade antifúngica (Tchoumbougnang *et al.*, 2005).

Foi relatado que o extrato de folhas de *Ocimum gratissimum* e *Aframomum melegueta* apresenta efeitos antifúngicos na podridão pós-colheita do inhame (Okigbo *et al.*, 2006). O extrato vegetal de *Acacia nilotica* mostra atividade antifúngica contra *A. niger* (Elizabeth *et al.*, 2006). No mesmo contexto, Singh e Karnwal, [2006] descreveram a atividade antifúngica do extrato de folha de *Cassia fistula* contra Candida *albicans*. O extrato do rizoma de *Kaempferia galangal* apresenta atividade antifúngica contra *Candida albicans, Aspergillus fumigates* e *A.flavus* (Indrayan *et al.*, 2007).

Sharma *et al*, 2007 observaram efeitos de extractos brutos da raiz de *Spilanthes calva* DC sobre uma microflora oral comum, incluindo *C. albicans*. A atividade antifúngica in vitro do extrato vegetal de *Evolvulus alsinoides* foi investigada contra vários fungos, incluindo *A. niger, A. fumigatus, A. runtii, C. tropicalis* e *C. albicans* (Nilani *et al.*, 2007). Lakshmi *et al.*, [2007] relataram atividade antifúngica in vitro no extrato de etanol da parte aérea de *Ghlorophytum nimonii* contra *Cryptococcus neoformans*. Recentemente, o óleo de bergamota demonstrou ser um agente antifúngico potente in vitro contra espécies *de Candida* clinicamente importantes. Neste estudo, foram investigadas as actividades da essência natural de bergamota e dos seus extractos destilados e isentos de furocumarina em dermatófitos como as espécies *Trichophyton, Microsporum* e *Epidermophyton* (Posteraro *et al.*, 2007).

Referências:

Bhargawa K.S., Dixit S.N., Dubey N.K. e Tripathi R.D. (1981). Journal of Indian Botanical Society; vol. 60; pp. 24-27.

Deng Y. e Nicholsen R.A. (2005). Propriedades antifúngicas da surangina B, uma cumarina de *Mammea longifolia*. Plant medica; vol. 71; pp. 364-365.

Dey B.B. e Choudhary M.A. (1984). Óleo essencial de *Ocimum sanctum* L. e a sua atividade antimicrobiana. Indian perfumer; vol. 28(2); pp. 82-87.

Elizabeth K.M., Sireesha D., Nageswara K. e Rao B.H.V. (2006). Atividade antimicrobiana da *Acacia nilotica*. Asian Journal of Chemistry; vol. 18(1); pp. 191-195.

Flach A., Gregal B., Simmionatto E., Silva U.F.D., Zanatta N., Morel A.F., Linares C.E.B. e Alves S.H. (2002). Análise química e atividade antifúngica do óleo essencial de *Calea clematidea*. Plant medica; vol. 68; pp. 834-836.

Giamperi, Laura, Ricci e Donata.(2003). Composição química e atividade antifúngica do óleo essencial obtido de plantas in vitro de *Thymus mastichina* L.. Journal of Essential Oil Research.

Girgune J.B., Jain N.K. e Garg B.D. (1980). Atividade anti-helmíntica antimicrobiana do óleo essencial de *Cyperus rotundus*. Indian Journal of Hosp. Pharm.; 17(4); pp. 102-104.

Indrayan A.K., Shatru A., Rathi A.K. e Rajeev K. (2007). Investigações antibacterianas e antifúngicas de óleos essenciais e vários extractos dos rizomas de *Kaempferia galangal* L. Indian drugs; 44(4); pp. 312-315.

Jain R. Nagpal S., Jain S. e Jain S.C. (2004). Avaliação química e biológica de espécies de *Bauhinia*. Journal of Medicinal and Aromatic plant Sciences; vol. 26; pp. 48-50.

Janssen A.M., Sacheffer J.J.C. e Svendsen a.b. (1987). Atividade antimicrobiana do óleo essencial: uma revisão de 1976-1986. Aspectos dos métodos de ensaio. Planta medica 1987 issue.

Kaul V.K., Nigam S.S e Dhar K.L. (1976). Actividades antimicrobianas dos óleos essenciais de *Artemisia obsinthium Linn., A. vestita* wall & *A. vulgaris Linn.* The Indian Journal of Pharmacy; 38(7); pp. 21-22.

Kouokam L.C., Jahns T. e Becker H. (2002). Atividade antimicrobiana do óleo essencial e de alguns compostos ricos em enxofre isolados de *Scorodophloeus zenkeri*. Planta medica; vol. 68; pp. 1082-1087.

Kumar S., Shukla Y.N., Lavania U.C., Sharma A. e Singh A.K. (1997). Plantas Medicinais e Aromáticas: Prospects for India. Journal of Medicinal and Aromatic Plant Sciences; vol. 19; pp. 361-365.

Lakshmi V., Kumar R., Chaturvedi A.K. e Shukla P.K. (2007). Atividade antifúngica de *Chlorophytum nimonii*. Medicamentos indianos; 44(4); pp. 316-318.

Lakshmi V., Gupta P., Varshney V., Kumar R., Jain p. e Khan Z.K. (2005). Atividade antifúngica de *Petrosia nigricans*. Indian drugs; 42(4); pp. 213-216.

Mathew J. (2005). Atividade antimicrobiana de plantas aromáticas selecionadas. Indian drugs; 42(1); pp. 28-33.

Mundina M., Tomi F., Furlan R., Zacchino, Casanova J. e Canigueral S. (2002). Composição e atividade antifúngica do óleo essencial de *Solidago chilensis*. Plant medica; vol. 68; pp. 164167.

Ngane N.A., Biyiti L., Zollo A.H.P. e Bouchet Ph. (2000). Avaliação da atividade antifúngica de extractos de duas Rutaceae dos Camarões: *Zanthoxylum leprieurii* Guill.etPerr. e *Z. xanthoxyloides* Wasterm. Journal of Ethnopharmacology; vol. 70(3); pp. 335-342.

Nilani P., Shankar V., syamala e Kavitha K.Y. (2007). Atividade antifúngica de *Evolvulus alsinoides* (L). Indian drugs; vol. 44(4); pp. 305-306.

Okigbo R.N. e Ogbonnaya U.O. (2006). Efeito antifúngico de dois extractos de folhas de plantas tropicais *(Ocimum gratissimum e Aframomum melegueta)* na podridão pós-colheita do inhame (dioscorea spp.). Jornal Africano de Biotecnologia; vol. 5(9); pp. 727-731.

Owoyale J.A., Olatunji G.A. e Oguntoye S.O. (2005). Actividades antifúngicas e antibacterianas de um extrato alcoólico de folhas de *Senna alata*. Journal Applied Science Environment Management; vol. 9(3); pp. 105-107.

Pandey D.K., Chandra H., Tripathi N.N. e Dixit S.N. (1983). Micotoxicidade em folhas de algumas plantas superiores. Kykosen; 26; pp. 565-573.

Phongpaichit S., Pujenjob N., Rukachaisirikul V. e Ongsakul M. (2004). Atividade antifúngica de extractos de folhas de *Cassia alata* L., *Cassia fistula* L. & *Cassia tora* L.. Songklanakarin J. Sci.technol.; 26(5); pp. 741-748.

Posteraro B., Romano L., Lopizzo T. e Carolis E. (2007). Atividade invitro do óleo *de Citrus bergamia* contra isolados cilínicos de dermatófitos. Journal of Antimicrobial Chemotherapy; 59(2); pp. 305-308.

Quiroza E.N., Sampietro A.R. e Vattuone M.A. (2001). Triagem de actividades antifúngicas de plantas medicinais selecionadas. Jornal de Etnofarmacologia.

Sandhya J., Tripathi S.C. e Srivastava A.K. (1989). Estudos sobre a fitotoxicidade do óleo essencial de *Trachyspermum ammi* Sprague. Indian perfumer; vol. 33(2); pp. 104-109.

Seungwon S., Kim J.H. (2004). Actividades antifúngicas de óleos essenciais de *Thymus quinquecostatus* e *T. magnus.* Plant Medica; vol. 70; pp. 1087-1090.

Sharma K., Bhatnagar M. e Vyas Y.K. (2007). Atividade antimicrobiana dos extractos de raiz de *Spilanthes calva* DC. Indian drugs; vol. 44(2); pp. 140-141.

Shastry C.S., Arvind M.B., Joshi S.D., Ashok K. e Bheemachari. (2004). Atividade antibacteriana e antifúngica de *Thespesiapopulnea* (L.). Indian drugs. Vol. 42(2); pp. 81-83.

Singh P. e Karnwal P. (2006). Atividade antifúngica do extrato de folha de *Cassia fistula* contra Candida albicans. Indian Journal of Microbiology; vol. 46(2); pp. 169-170.

Sinha G.K. e Gulati B.C. (1990). Estudo antimicrobiano e antifúngico de alguns óleos essenciais e alguns dos seus constituintes. Indian perfumer; vol. 34(2); pp. 126-129.

Srinivasan D., Nathan S., Suresh T. e Perumalsamy P.L. (2001). Antimicrobial activity of certain Indian medicinal plants used in folkloricmedicine (Atividade antimicrobiana de certas plantas medicinais indianas utilizadas na medicina popular). Journal of Ethnopharmacology; vol. 74; pp. 217-220

Tchoumbougnang F., Zollo P.H.A., Dagne E. e Mekonnen Y. (2005). Atividade antimalárica in vivo de óleos essenciais de *Cymbopogon citrates* e *Ocimum gratissimum* em ratos infectados com plasmodium berghei. Planta Medica; vol. 71; pp. 20-23.

Tripathi S.C., Singh S.P. e Dube S. (1986). Propriedades antifúngicas do óleo essencial de *T. ammi* (L.) Sparague. Journal of Phytopathology; vol. 116; pp. 113-120.

Yoshida A.S., Kasuga S., Hayashi N., Ushiroguchi T., Matsuura H. e Nakagawa S. (1987). Atividade antifúngica do ajoene derivado do alho. Applied Environmental Microbiology; vol. 53; pp. 615-617.

Zore G.B., Surwase B.S. e Karuppayil S.M. (2003). Atividade antifúngica da *Taverniera cuneiofolia*. Jornal de Ciências de Plantas Medicinais e Aromáticas; vol. 25; pp. 682-688.

Avaliação antifúngica da *Embilica officinalis* e do seu componente ativo, o ácido gálico, no controlo dos fungos de deterioração dos edifícios Padma Singh* e Mamta Chauhan Department of Microbiology, Kanya Gurukul Campus, Gurukul Kangri University, Haridwar

*Correio eletrónico do autor correspondente: drpadmasingh06@gmail.com

RESUMO

Os fungicidas químicos são normalmente utilizados para controlar o crescimento de bolores que, muitas vezes, não são adequados para aplicação em interiores. Estes fungicidas sintéticos são compostos principalmente de cobre, cádmio, mercúrio e arsénico, que são altamente tóxicos. É por isso que são desejáveis alternativas naturais que sejam fáceis de utilizar e não tóxicas para o homem. Pode haver uma boa margem de manobra se forem desenvolvidos fungicidas naturais derivados de produtos vegetais, pelo que temos de utilizar técnicas novas e seguras para o controlo de fungos, uma vez que estes são uma fonte rica de fitoquímicos bioactivos e não prejudicam o nosso ambiente e a saúde humana. Os fungos típicos encontrados em edifícios danificados são *Aspergillus* spp., *Penicillium* spp., *Alternaria* spp., *Trichoderma* spp., *Mucor* spp., *Fusarium* spp. etc. Os fungos dos edifícios podem causar asma, tosse, pieira, alergia, irritação das membranas mucosas e cancro nos ocupantes dos edifícios. No presente estudo, os extractos vegetais obtidos a partir de cinco plantas, nomeadamente *Emblica officinalis, Eclipta alba, Tegetes erecta, Withania somnifera* e *Ficus religiosa*, foram analisados quanto à sua potência antifúngica contra *Aspergillus flavus* e *Penicillium chrysogenum* isolados de vários locais dos edifícios em estudo, bem como contra o padrão obtido a partir do IMTECH (Chandigarh) MTCC n.º 2456, 161, respetivamente. Verificou-se que, das 5 plantas, a *Emblica officinalis* apresentou a maior atividade antifúngica, ou seja, ZOI 22,3 mm, enquanto o agente químico antifúngico Nistatina apresentou 22 mm. A HPTLC da *E.officinalis* mostrou a presença do componente ativo ácido gálico com um ZOI significativo de 16,6 mm comparável ao da nistatina de 22 mm. Como os resultados são comparáveis aos do fungicida sintético, isto será útil numa abordagem realista para o desenvolvimento de biofungicidas potentes a utilizar na gestão de fungos e pragas em edifícios.

Palavras chave: Fungos de construção, *Aspergillus flavus, Penicillium chrysogenum,* HPTLC (cromatografia de camada fina de alto desempenho), ácido gálico, extrato de plantas.

INTRODUÇÃO

Como os fungos são omnipresentes no ambiente, podem ocupar numerosos nichos dentro de um ambiente construído, dependendo das condições de humidade, temperatura, luz e movimento do ar. Os fungos podem atacar os edifícios, a madeira, os bens, as roupas e até o seu próprio corpo. Os fungos dos edifícios podem causar danos nas estruturas, na decoração e são também responsáveis pela qualidade do ar interior (Singh 1994, Singh e Chaurasia 1999). Os micróbios são omnipresentes nas estruturas dos edifícios e o crescimento microbiano começa quando as condições de humidade o permitem. Os materiais de construção húmidos fornecem um micróbio potencial e indesejado. O bolor e a humidade visíveis nos edifícios estão associados a concentrações elevadas de fungos no ar (Hunter *et al*, 1988, Garrett *et al*, 1998, Ellringer 2000). Os fungos toxigénicos encontrados em edifícios danificados pela humidade são geralmente *Penicillium* spp., *Aspergillus* spp., *Alternaria* spp., *Trichoderma* spp., *Cladosporium* spp., *Fusarium* spp., *Mucor* spp., *Rhizopus* spp., *Stachybotrys* spp. etc. A podridão castanha e a podridão branca são os principais contribuintes para a biodeterioração em estruturas de madeira. Os factores mais importantes para o desenvolvimento da deterioração em estruturas de madeira não tratadas são a temperatura e o teor de humidade da madeira. A humidade pode ser difícil de controlar nos edifícios porque as alterações na conceção dos edifícios que incorporam barreiras de vapor e de água nas paredes e um isolamento pesado reduzem o fluxo de ar e a ventilação. Os fungos de construção causam irritação ocular, tosse, asma, alergia, corrimento nasal, pieira, cancro, dores de cabeça e catarro (Smith e Moss 1985). Os materiais de construção que suportam o crescimento de fungos devem ser remediados o mais rapidamente possível, a fim de garantir um ambiente saudável. As doenças associadas aos edifícios têm sido classificadas como síndroma do edifício doente ou doenças relacionadas com os edifícios.

MATERIAIS E MÉTODOS

Descrição dos locais de amostragem

Para o presente estudo, foram selecionados, no mínimo, três locais diferentes em Haridwar: um edifício industrial (BHEL), um edifício religioso (Daksh mandir) e um edifício de ensino (GKV).

Isolamento de fungos de construção

Para o isolamento de fungos de construção, foram preparados meios de cultura como o ágar Sabouraud Dextrose (SDA) e isolados os fungos de construção seguindo o método de diluição em série (Waksman, 1922) e placa direta (Warcup, 1951).

Recolha de material vegetal

Cinco plantas medicinais, nomeadamente *Emblica officinalis, Eclipta alba, Ficus religiosa, Withania somnifera* e *Tegetes erecta*, foram colhidas em Haridwar e numa área adjacente para o seu estudo fungicida e foram identificadas com a ajuda da literatura taxonómica, da flora padrão e do herbário da Universidade Gurukul Kangri, Haridwar, Índia.

Preparação de extractos

As folhas recolhidas foram secas à sombra, transformadas em pó e extraídas com etanol, metanol e água utilizando o aparelho Soxhlet. As amostras obtidas foram filtradas e evaporadas até à secura com um evaporador rotativo para produzir resíduos. Os extractos brutos foram conservados assepticamente a 5°C para utilização posterior (Gupta *et al.*, 1996).

Testar microrganismos

Culturas puras autênticas de fungos como *Aspergillus flavus* e *Penicillium chrysogenum* foram obtidas de materiais de construção e identificadas (Barnet, 2003). A turvação do inóculo foi ajustada para o padrão McFarland 0,5. Este procedimento produziu uma suspensão adequada, tal como descrito pelo NCCLS. As culturas MTCC de *Aspergillus flavus* (2456) e *Penicillium chrysogenum* (161) foram recolhidas no IMTECH, Chandigarh.

Atividade antifúngica

A atividade antifúngica foi testada pelo método do poço de ágar (Perez *et al.*, 1990). As placas SDA foram semeadas com 100 pl dos inóculos de cada organismo testado. O inóculo foi espalhado uniformemente sobre a placa com uma espátula de vidro esterilizada. Foram feitos poços apropriados de 5 mm de diâmetro nas placas de ágar, utilizando uma broca de cortiça esterilizada. Foram distribuídos 20 ml do respetivo extrato de planta nos poços rotulados apropriados utilizando uma micropipeta com ponta esterilizada. O solvente orgânico (metanol, etanol e aquoso) foi utilizado como controlo negativo e a nistatina (5 pg/ml) foi utilizada como controlo positivo. A atividade foi determinada após 72 h de incubação a 28°C. O diâmetro das zonas de inibição foi medido em mm.

RASTREIO DE COMPOSTOS BIOACTIVOS DAS FOLHAS DE *Emblica officinalis* POR HPTLC

Tal como referido, o ácido gálico no extrato de folhas de *Emblica officinalis* foi separado por TLC. As manchas separadas foram comparadas com o ácido gálico padrão que é simultaneamente manchado juntamente com a amostra.

Método analítico

Preparação standard

Pesou-se com exatidão 0,125 g de padrão de referência de ácido gálico (Sigma, life science) e dissolveu-se em 100 ml de metanol.

Preparação de amostras de plantas

Pesar com exatidão 0,5 g da amostra, adicionar 5 ml de metanol e agitar durante 15 minutos. Flitrar a solução antes de a aplicar na placa TLC.

Aplicação da solução na placa TLC

Numa placa TLC de sílica gel GF254 pré-revestida de 10*10mm, aplicar 2,4,6 pl de solução e 2,4,6 pl de solução de amostra numa banda de 8mm. Utilizar **Camag linomate 5** para a coloração. Desenvolver a placa em tolueno. Fase móvel de ácido acético (70:30). Foram utilizados três solventes, acetato de etilo, ácido acético glacial e ácido fórmico, e a sua concentração foi de 10 ml, 1,1 ml e 1,1 ml, respetivamente, para fazer a fase móvel. A placa foi mantida na câmara TLC durante 5-10 minutos, fazendo correr a fase móvel até 8 cm da placa. Retirar a placa e secar ao ar. Analisar os traços no densitómetro **(CAMAG TLC scanner 3)** a 354nm. O processo de fotodocumentação é efectuado pelo **Camag Reprostar 3**. Para a análise HPTLC, foi utilizado o instrumento **"Win CATS"** (controlado por software).

Identificação do componente ativo

Para a identificação do componente ativo, o valor Rf do componente selecionado foi comparado com os valores Rf indicados na literatura anteriormente referida. A amostra do extrato da planta foi deixada a correr juntamente com o padrão. Para o efeito, a placa de gel de sílica foi inoculada com o padrão juntamente com a solução da amostra. A placa foi desenvolvida como descrito anteriormente.

Os componentes isolados foram raspados da folha de sílica-gel e dissolvidos em metanol e mantidos no frigorífico a 4°C.

RESULTADO

Foram selecionadas cinco plantas medicinais para descobrir a sua atividade antifúngica contra *Aspergillus flavus* e *Penicillium chrysogenum*. Cada espécie tinha dois isolados, um local e outro isolado MTCC. A atividade antifúngica de diferentes extractos da planta *Emblica officinalis* contra *A.flavus* e *P.chrysogenum* é apresentada no Quadro 1, 2 e nas Figuras 1, 2 e

3. No entanto, foi observada pouca atividade nos extractos aquosos. O extrato de metanol mostrou uma zona de inibição moderada. O extrato de etanol na concentração de 300 mg/ml mostrou uma zona de inibição máxima contra *A.flavus* e *P.chrysogenum* 22,3 mm e 20 mm, respetivamente. A atividade antifúngica da *Tegetes erecta* foi resumida no Quadro 2 e na Fig. 4. A atividade antifúngica da planta *T.erecta* contra *A.flavus* e *P. chrysogenum* indicou que o extrato metanólico das folhas mostrou a maior atividade contra *P.chrysogenum* e *A.flavus* a 300mg/ml 19mm e 18.6mm respetivamente. O extrato aquoso deu menos atividade 10,3 mm contra *A.flavus* e 9,6 mm contra *P. chrysogenum*. O extrato de etanol mostrou uma atividade moderada contra *A.flavus* e *P.chrysogenum* 18mm e 17mm respetivamente. A atividade antifúngica de diferentes extractos de *W. somnifera* foi apresentada no Quadro 2 e na Fig. 5. O extrato aquoso de *Wsomnifera* não mostrou atividade contra *A.flavus* e *P.chrysogenum*. O extrato metanólico apresentou uma atividade máxima contra *P.chrysogenum* 13,6 mm, enquanto o etanol apresentou uma atividade máxima contra *A.flavus* 13 mm à concentração de 100 mg/ml. A atividade antifúngica de diferentes extractos de *E.alba* foi apresentada no Quadro 2 e na Fig. 6. O extrato etanólico de *E.alba* mostrou uma excelente atividade contra *A.flavus* e *P.chrysogenum* 13,3 mm à concentração de 100 mg/ml e o extrato aquoso deu uma fraca atividade contra ambos os fungos testados 6,6 mm contra *A.flavus* e 7,6 mm contra *P.chrysogenum*. A atividade antifúngica da *F.religiosa* foi resumida na Tabela 2 e na Fig. 7. O extrato de metanol de *F.religiosa* mostrou uma zona de inibição contra *P.chrysogenum* e *A.flavus de* 11,6 mm e 10 mm respetivamente à concentração de 100 mg/ml. O extrato aquoso não mostrou atividade contra ambos os fungos testados. O extrato etanólico apresentou uma atividade de 12 mm contra ambos os fungos testados *A.flavus* e *P.chrysogenum*.

Análise do ácido gálico do extrato de folhas de E. officinalis por HPTLC

Os resultados de HPTLC mostraram a presença de ácido gálico em *E. officinalis*, que foi altamente eficaz contra os fungos de deterioração de edifícios. O componente ativo da *E.officinalis* deu a melhor actividade18,6 mm e 16,6 mm contra *A.flavus* e *P.chrysogenum* respetivamente Quadro 3, Fig. 813. O valor Rf (0,17) do ácido gálico foi obtido a partir de HPTLC, Quadro 4.

DISCUSSÃO

Na presente investigação, foram testadas cinco plantas para determinar o potencial antifúngico contra *Aspergillus flavus* e *Penicillium chrysogenum*. A nistatina foi utilizada como agente antifúngico de referência. No caso de *E. officinalis*, o extrato de etanol na concentração de 300mg/ml mostrou uma zona de inibição máxima contra *Aspergillus flavus* e *Penicillium chrysogenum* de 22,3 mm e 20 mm, respetivamente. Como se pode ver nos quadros 1 e 2. Do mesmo modo, Girish e Satish (2008) observaram que *Emblica officinalis, Saraca indica, Tarminalia arjuna* para a atividade antimicrobiana contra estirpes multirresistentes (MDR) incluem *Pseudomonas aeruginosa, Klebsiella pneumonia, Escherichia coli* e *Staphylococcus aureus*. A atividade antimicrobiana do extrato aquoso e do extrato etanólico foi determinada pelo método de difusão em ágar. O extrato etanólico parece ter mais atividade antimicrobiana em comparação com o extrato aquoso (Girish e Satish, 2008). No caso da *T.erecta*, o extrato metanólico foi mais eficaz do que o etanol. O metanol mostrou uma atividade máxima de 18 mm e 17 mm contra *P. chrysogenum* e *A. flavus* a uma concentração de 300 mg/ml, respetivamente. *O P. chrysogenum* é mais sensível em comparação com o *A. flavus*, como se pode ver no Quadro 2. Em contraste, Kiranmai e Ibrahim (2012) relataram que o efeito antibacteriano de diferentes extractos de folhas e flores de *T.erecta* Linn. Pelo método de difusão em ágar contra *B. cereus* gram positivo, *S. aureus* e *E. coli* gram negativo, *P. aeruginosa*. O extrato etéreo das folhas e o extrato de acetato de etilo da flor de *T. erecta* inibem significativamente o crescimento de bactérias (Kiranmai e Ibrahim, 2012). Atividade antifúngica das folhas de *W. somnifera* contra *A. flavus* e *P. chrysogenum* O extrato metanólico de *W.somnifera* apresentou uma atividade máxima de 13,6 em *P chrysogenum* à concentração de 100 mg/ml. O extrato aquoso não mostrou qualquer atividade contra ambos os fungos testados, como no Quadro 2. Do mesmo modo, Kumar e Kumar (2011) utilizaram amostras de raízes e folhas de *Withania somnifera* contra *E. coli, Bacillus, shigella, Aspergillus niger* e *Trichoderma rubrum*. A amostra da folha mostrou uma atividade mais elevada do que a amostra da raiz. A zona de inibição máxima foi de 3,4 mm e 2,8 mm em 100ul para o extrato de folha em metanol contra *Bacillus subtilis* e *Aspergillus niger*, respetivamente (Kumar e Kumar, 2011). O extrato etanólico de *E.alba* mostrou uma excelente atividade contra *A. flavus* e *P. chrysogenum* 13,3 mm a uma concentração de 100 mg/ml. O extrato aquoso mostrou uma fraca atividade contra ambos os fungos de teste 6,6 mm contra *A. flavus* e 7,6 mm contra *P.chrysogenum*, como se pode ver no Quadro 2. Em contraste, Gupta e Govindaiah Dutta (1996) observaram que o extrato aquoso e metanólico das folhas de *Eclipta alba* foi determinado pelo método de difusão em ágar in vitro contra bactérias patogénicas incluindo *B. cereus, B. megaterium, B.subtilis, E.coli, K. pneumonia, P. aeruginosa, S. typhi, S. aureus, S. faecalis* e *Y.enterocolitica*. *E. alba* mostrou uma atividade antibacteriana significativa (Gupta *et al*, 1996). O extrato metanólico de *F. religiosa* mostrou uma zona de inibição contra *P. chrysogenum* e *A. flavus* de 12mm e 11mm respetivamente à concentração de 100mg/ml. O extrato aquoso não mostrou atividade contra ambos os fungos testados, como se pode ver na tabela 2. Nair e Chanda (2007) relataram que Ficus religiosa mostrou atividade antifúngica contra *P. aeruginosa, P.mirabilis, S. aureus, B. cereus, A.*

faecalis e *S. typhimurium*. O etanol e o aquoso foram utilizados para extração, a atividade antibacteriana in vitro foi avaliada por difusão em disco e pelo método de difusão em poço de ágar. O extrato etanólico foi mais potente do que o aquoso. *P. aeruginosa* e *S. typhimurium* foram as estirpes mais resistentes, enquanto *B. cereus* e *P. mirabilis* foram as estirpes mais susceptíveis (Nair e Chanda, 2007).

Os resultados de HPTLC mostraram a presença de ácido gálico em *E.officinalis*, que foi altamente eficaz contra os fungos de deterioração de edifícios. Como se pode ver na fig. 9-13. Zhang *et al.*, (2003) estudaram que os compostos isolados de *Emblica officinalis* eram ácido gálico, 1-O-galoil-beta-D-glicose, 3, 6-di-o-galoil-D-glicose, ácido chebulínico, quercetina, ácido chebulágico, corilagina, 1-6- di-O-galoil-beta-D-glicose, ácido 3-etilgálico e isotrictinina. O extrato aquoso de *E.officinalis* foi relatado como tendo propriedades laxantes e tónicas antipiréticas e também mostrou atividade antibacteriana (Zhang *et al.*, 2001).

Conclusão

Uma conclusão derivada dos dados apresentados neste trabalho de investigação é que o material de construção que suporta o crescimento de fungos deve ser remediado de modo a garantir um ambiente interior saudável. Como os resultados são muito promissores para atingir o objetivo de desenvolver fungicidas botânicos biológicos, as conclusões da presente investigação são um passo importante para as estratégias de proteção de edifícios através de formulações de extractos de plantas. Rastreio do composto bioativo de *E.officinalis* eficaz contra fungos deterioradores de edifícios. Os resultados de HPTLC mostraram a presença de ácido gálico em *E.officinalis*, que foi altamente eficaz contra os fungos deterioradores de edifícios *P. chrysogenum* e *A. flavus*. Por conseguinte, pode ser utilizado como uma alternativa aos fungicidas químicos para controlar o crescimento de fungos em edifícios. Este biofungicida (fungicida botânico) surge como um produto amigo do ambiente, barato e facilmente disponível para manter a deterioração dos edifícios causada por fungos.

Quadro 1- Atividade antifúngica dos extractos das folhas de *Emblica officinalis* contra *Aspergillus flavus* e *Penicillium chrysogenum* em diferentes concentrações

Extract	Concentrations µg/ml	Zone on inhibition in mm			
		Aspergillus flavus	*Penicillium chrysogenm*	*Aspergillus flavus* MTCC	*Penicillium chrysogenum* MTCC
Ethanol	100	17±1.00	16.3±1.52	12± 0.00	12.6± 1.15
	200	18.3±.577	17.3±2.51	14.6± .577	14.6± .577
	300	22.3±2.51	20±2.00	15± 0.00	14.6± .577
Methanol	100	16±2.00	14.6±0.00	13± 1.00	16.3± .577
	200	17.3±.577	15.3±1.52	14±0.00	18± 0.00
	300	19±1.00	18±1.00	17.6± .577	19± 0.00
Aqueous	100	7.6±2.51	7.3±0.577	7± 0.00	7± 1.00
	200	8.66±2.51	7.6±.577	8± 1.00	7.6± .577
	300	9.6±.577	8.0±1.52	9± 1.00	8.6± 1.15
Control	100%	-	-	-	-
Nystatin	10 µg/ml	22± 1.00	15.6± .577	19± 1.00	13.6± .577

Os valores são a zona de inibição média (mm) ± S.D. de três réplicas, (-) sem atividade

Quadro 2 Atividade antifúngica de cinco plantas medicinais contra *A. flavus* e *P. chrysogenum*

Plants	*Aspergillus flavus*		*Penicillium chrysogenum*	
Emblica officinalis	E	20± 2.00	E	17± 1.00
	M	16.3± 3.21	M	15± 1.00
	A	8.66± 2.51	A	7.33± .577
Tagetes erecta	E	14.67± 1.15	E	13± 0.00
	M	15.3± 1.52	M	17± 1.00
	A	8.67± 1.15	A	8± 1.00
Withania somnifera	E	13± 3.46	E	12.3± 1.15
	M	11± 1.00	M	13.6±1.15
	A	-	A	-
Eclipta alba	E	13.3± 2.88	E	13.3± .577
	M	12.6± 2.30	M	12± 1.73
	A	6.6± 1.15	A	7.6± 2.08
Ficus religiosa	E	12±0.00	E	12± 1.00
	M	10± 0.00	M	11.6± .577
	A	-	A	-
Nystatin	22± 1.00		15.6± .577	
Control	-		-	

Os valores são a zona de inibição média (mm) ± S.D. de três réplicas, (-) sem atividade

Quadro 3-Atividade **antifúngica** do componente ativo de *E.officmalis* contra *A.flavus* e

P.chrysogenum

Fungi	Standard (Gallic acid)	Active component Gallic acid (mg/ml)	Nystatin (5µg/ml)
A.flavus	18.6±0.577	16.6±0.577	22±1.00
P.chrysogenum	16±1.00	15±2.00	15.6±0.577
A.flavus (MTCC)	14±0.00	12.6±1.14	19±1.00
P.chrysogenum (MTCC)	15±2.00	13.3±0.577	13.6±2.08

Values are mean inhibition zone (mm) ± S.D of three replicates, (-) not active

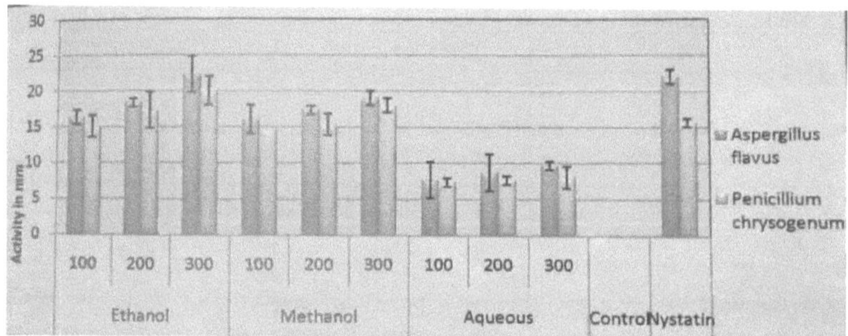

Fig. 1. Atividade de *E. officinalis* sobre *A.flavus* e *P.chrysogenum* em diferentes concentrações (mg/ml)

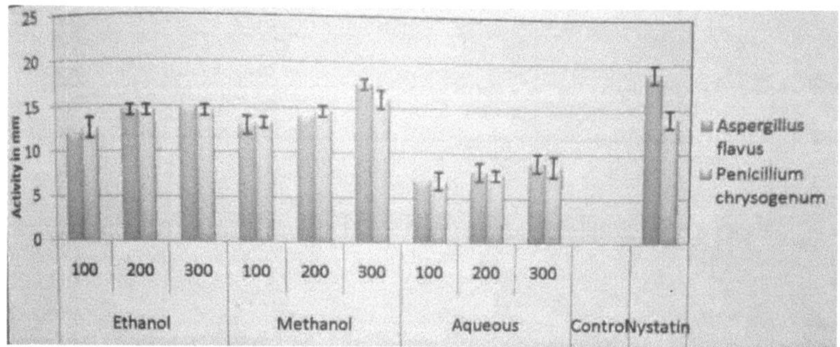

Fig. 2. Atividade de *E. officinalis* contra a cultura MTCC de *A.flavus* e *P.chrysogenum* em diferentes concentrações (mg/ml)

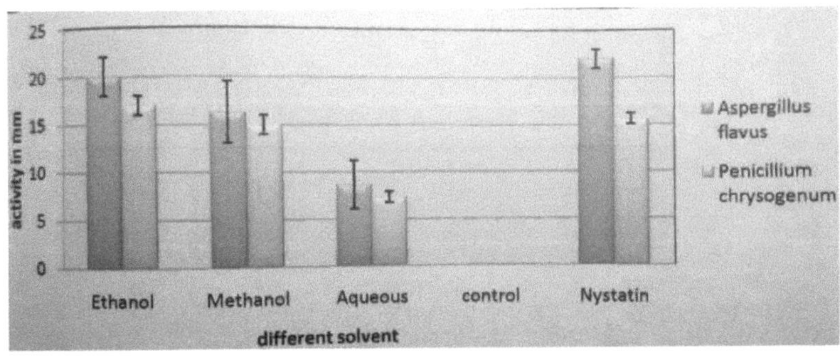

Fig. 3. Atividade de *E. officinalis* sobre *A.flavus* e *P.chrysogenum* em concentrações de 100 (mg/ml)

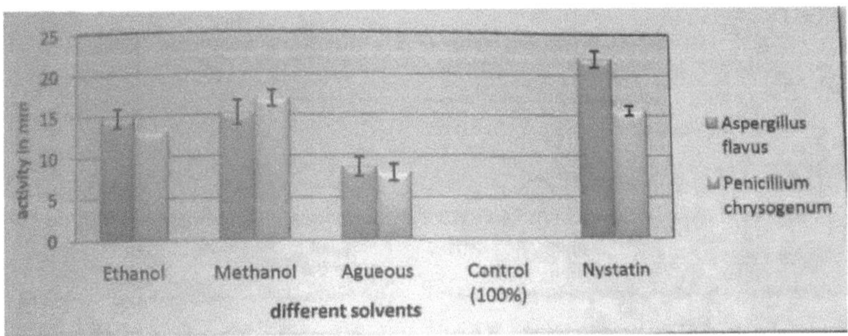

Fig. 4. Atividade de *T.erecta* sobre *A.flavus* e *P.chrysogenum* em concentrações de 100 (mg/ml)

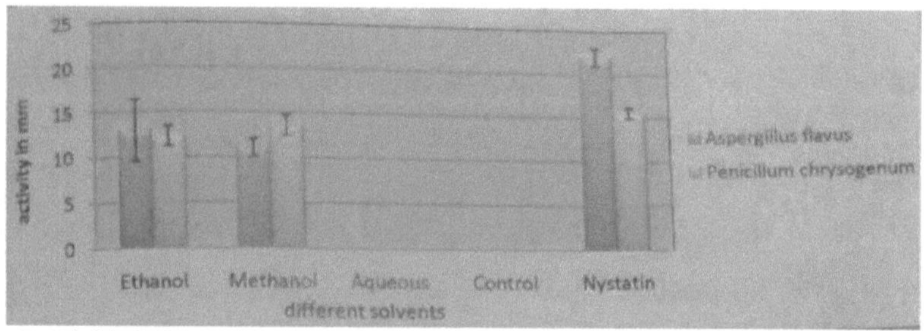

Fig. 5. Atividade de *W.somnifera* sobre *A.flavus* e *P.chrysogenum* em concentrações de 100 (mg/ml)

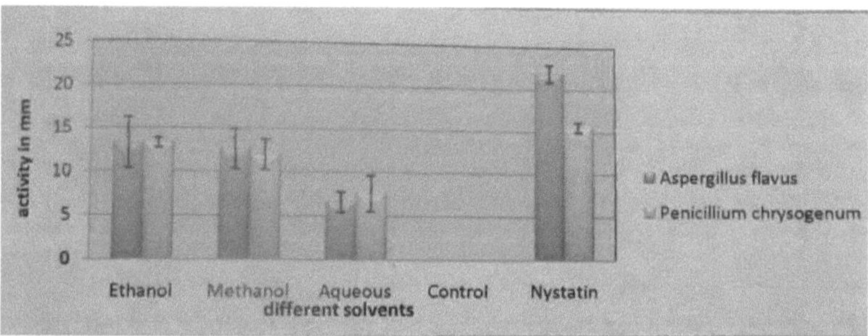

Fig. 6. Atividade de *E.alba* sobre *A.flavus* e *P.chrysogenum* em concentrações de 100 (mg/ml)

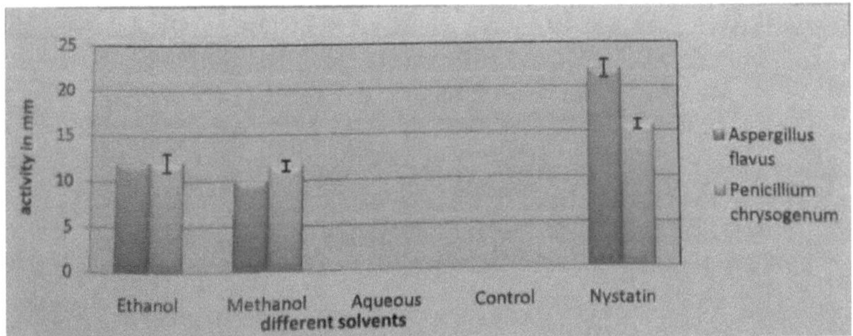

Fig. 7. Atividade de *F.religiosa* sobre *A.flavus* e *P.chrysogenum* em concentrações de 100 (mg/ml)

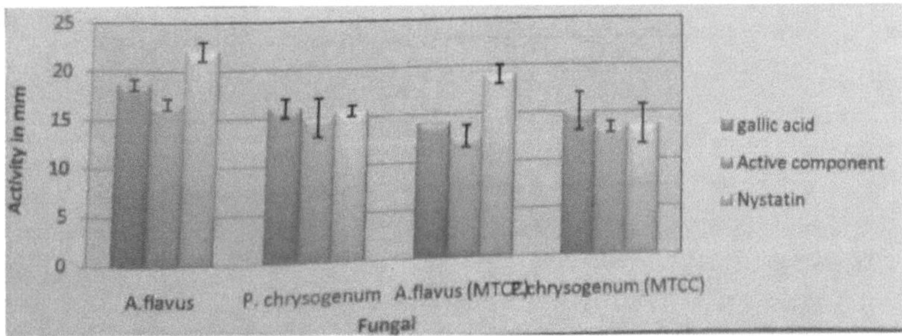

Fig. 8. Atividade do componente ativo do ácido gálico de *E.officinalis*

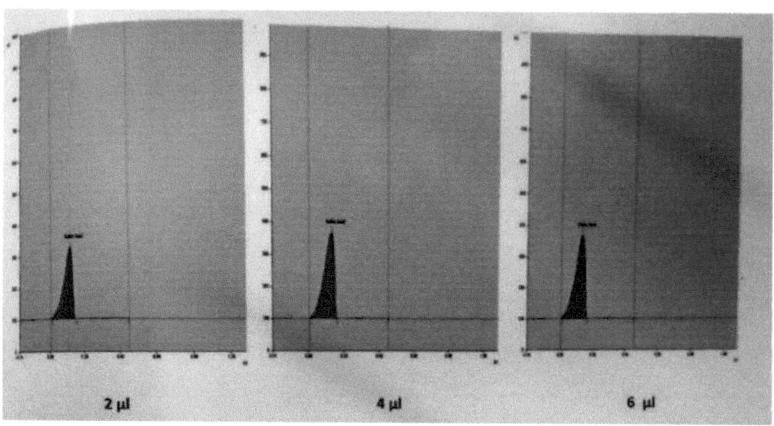

Fig.9. Inoculação do padrão de ácido gálico em diferentes concentrações

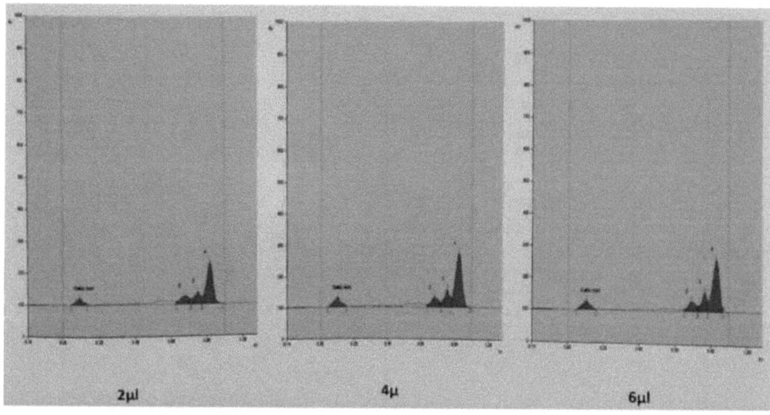

Fig.10. Inoculação do extrato de folhas de *Eofficinalis* em diferentes concentrações

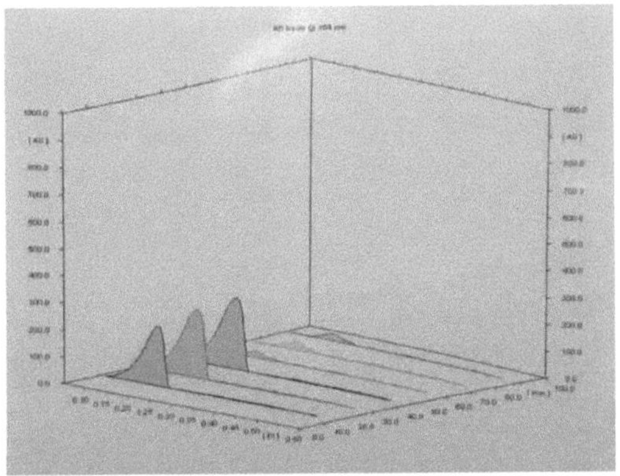

Fig. 11. Representação dos picos do padrão e da amostra

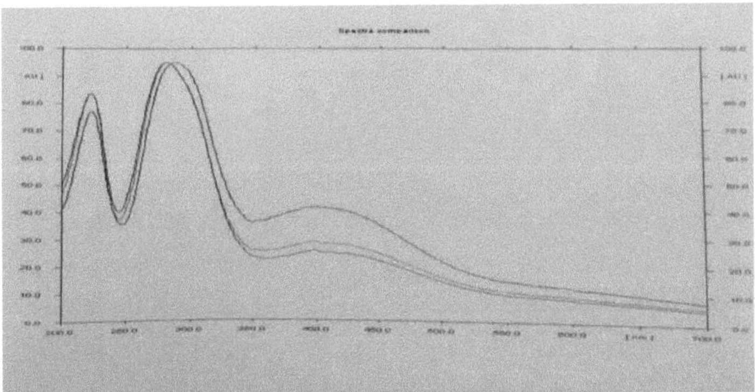

Fig. 12. Espectros do ácido gálico na amostra

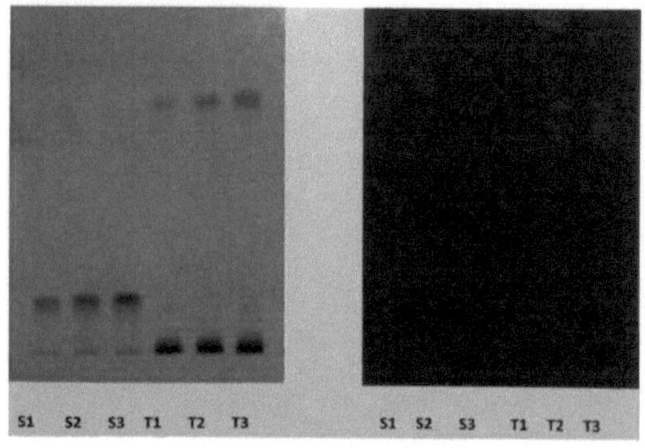

At 235 nm   **at 366 nm**

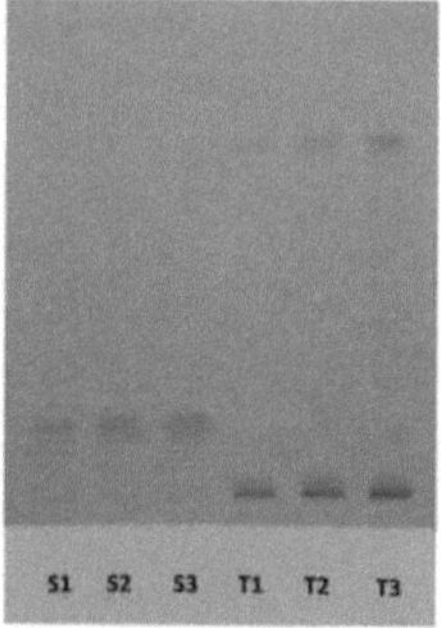

Visible light

Fig. 13. Documentação fotográfica a 254 nm, 366 nm e em luz visível

Tabela 4. Valor Rf do padrão e da amostra obtidos por HPTLC

Sample from vial 1: Gallic Acid Std

Result via height

Substance	Rf
Gallic Acid	0.17

Result via area

Substance	Rf
Gallic Acid	0.17

Sample from vial 2: Amla Sample

Result via height

Substance	Rf
Gallic Acid	0.17

Result via area

Substance	Rf
Gallic Acid	0.17

Rf do ácido gálico (0,17) padrão (frasco 1) e *E.officinalis* (frasco 2)

DETALHES DE HPTLC

Detalhes da amostra - S1= Padrão de ácido gálico

S2= Padrão de ácido gálico

S3= Padrão de ácido gálico

T1= Extrato alcoólico de folha de Amla

T2= Extrato alcoólico de folhas de Amla

T3= Extrato alcoólico de folha de Amla

Fase móvel: Tolueno: Ácido acético (70:30)

Varrimento: 354nm

Agradecimentos

Os autores agradecem às bibliotecas da Gurukul Kangri University, Haridwar, FRI, Dehradun e Central Building Research Institute, Roorkee, pelo seu apoio contínuo na recolha da literatura.

REFRÊNCIAS

Barnet, H. L. (2003). Manual for Hyomycetes Fungi. The APS, St. Paul, Minnesota 551212097, USA.

Bauer, A.W., Kirby, W.M., Sherris, J.C., Turck, K.M. (1996). Teste de suscetibilidade aos antibióticos através de um método de disco único normalizado. Jornal Amour of Clini Patho. 45(4): 493-496.

Deferera, D.J., Ziogas, B.N., Polissiou, M.G. (2000). GC-MS Analysis of essential oil from some Greek aromatic plants and their fungitoxicity on *Pennicillium digitatum*. Journal of Agriculture and Food Chemistry. 48, 2576-2581.

Ellringer, P.J., Boone, K., Hendrikson, S.(2000). Os materiais de construção utilizados na construção podem afetar grandemente os níveis de fungos no interior. *Am Ind Hyg Assoc J.* 61: 895-899.

Garrett, M.H., Rayment, P.R., Hooper, M.A., Abramson, M.J., Hooper, B.M. (1998). Esporos de fungos presentes no ar interior, humidade da casa e associação com factores ambientais e saúde respiratória em crianças. *Clin Exp Allergy.* 28(4): 459-467.

Gupta, V.P., Govindaiah e R.K., Dutta,(1996). Extractos de plantas: uma abordagem não química para controlar a doença de *Fusarium* da amoreira. Current Sci., 71: 406-409.

Girish, H.V. e Satish, S. (2008). Atividade antibacteriana de plantas medicinais importantes em bactérias patogénicas humanas - uma análise comparativa. *Revista Mundial de Ciências Aplicadas* 5(3): 267-271.

Hunter, C.A., Grant, C., Flannigan, B., Bravery, A.F. (1988). Mould in buildings: the air spora of domestic dwellings. *Int Biodeter.* 24: 81-101.

Khanna, P. e T.H., Nag. (1973). Isolamento, identificação e seleção de phyllembliss de *Emblica officinalis* Geartin. Cultura de tecidos. *Indian Journal of Pharmacy.* 35(1): 23-28.

Kambizi, L. e Afolayan, A.J. (2008). Extractos de *Aloe ferox* e *Withania somnifera* inibem *Candida albicans* e *Neisseria gonorrhea. Revista Africana de Biotecnologia* Vol. 7 (1): 12-15.

Kiranmai, M. e Ibrahim, M. 2012. Potencial antibacteriano de diferentes extractos de *Tagetes erecta* Linn. Int J Pharm; 2(1): 90-96

Kumar, S. e Kumar, V. (2011) Avaliação do extrato de folhas e raízes de Withania somnifera L. (Dunal). (Solanaceae) Folha e extrato de raiz como agente antimicrobiano - Plantas altamente medicinais na Índia. Asian l Exp Bio 2(1):155-157.

Nair, R. e Chanda, S.V. (2007) Actividades antibacterianas de algumas plantas medicinais da região ocidental da Índia. Turk J Biol 31:231 -236.

NCCLS. (1985). Teste de suscetibilidade antifúngica: relatório do comité. Documento NCCLS M20 CR NCCLS, 771 east Lancaster avenue village. Pennisylvania.

Perez, C. Paul, M. e Bazerque, P. (1990). Ensaio de antibióticos pelo método de difusão em poço de ágar. Ata Bio Med Exp 15:113-115.

Smith, J.E., Moss, M.O. (1985). Mycotoxins: Formation, Analysis and Significance, John Wiley and Sons, NY.

Singh, J. (1994). Building Mycology- Management of Decay and Health in Buildings, 1st Edn, Chapman and Hall, London, UK. 23-24, 46-49, 224.

Singh, Y e Chaurasia, L. (1999). Controlo do crescimento vegetativo em edifícios, Ecol Environ Cons. 5(2), 103-106.

Singh, P. e Chauhan, M. 2012. Fungos deterioradores de edifícios como biocontaminantes. ASIAN J. EXP. BIOL. SCI. VOL 3(1): 209-213.

Saxena, R., Patil, P. e Khan, S.S. 2011. Efeito antibacteriano in vitro de alguns óleos essenciais de plantas contra *Staphylococcus aureus. Arquivos de Plantas,* Vol. 11:563-565.

Waksman, S. A. (1922). J. Bact 7:339-341.

Want, S.Y., Chen, P.F., Chang, S.T. (2005). Actividades antifúngicas de alguns óleos essenciais e dos seus constituintes de folhas de canela indígena *(Cannamomum osmophloeum)* contra fungos de decomposição da madeira. Bioresource Technology. 96, 813-818.

Warcup, J. H. (1951) Trans Br Mycol Soc 34:376-399.

Zhang, L.Z., Zhao, W.H., Guo, Y.J., Tu, G.Z., Lin, S., Xin, L.G. (2003). estuda os constituintes químicos dos frutos da medicina tibetana *Phyllanthus emblica.* Zhongguo Zhong Yao Za Zhi. 28(10): 940-3.

Zhang, Y.J, Tanaka,T, Yang, C.R, Kouno, I. (2001) Novos constituintes fenólicos do sumo do fruto de Phyllanthus Emblica. Chem. Pharm. Bull 49: 537-540.

Zyani, M., Mortabit, D., Mostakim, M., Iraqui, M., Haggoud, A., Ettayebi, M., Koraichi, S.I. (2009). Fungos celulolíticos de degradação da madeira de uma casa antiga na Medina de Fez. Ann Microbiol. 59: 699-704.

More
Books!

info@omniscriptum.com
www.omniscriptum.com
OMNIScriptum

MIX
Papier aus verantwortungsvollen Quellen
Paper from responsible sources
FSC® C105338

Printed by Books on Demand GmbH, Norderstedt / Germany